面向强噪声场景的低秩稀疏学习视觉目标跟踪方法

田丹　著

中国水利水电出版社
www.waterpub.com.cn
·北京·

内 容 提 要

本书研究面向强噪声场景的低秩稀疏学习视觉目标跟踪方法。基于变分法和分数阶微积分理论改善强噪声场景下的视觉信息质量问题；基于低秩表示和稀疏表示理论解决目标外观多样性情况下的表观建模问题；基于融合 Lasso、变分法和分数阶微积分理论解决复杂环境遮挡带来的目标特征丢失问题和目标快速运动带来的跟踪漂移问题；基于反向稀疏表示描述解决跟踪模型在线学习的计算效率问题。

本书可供高等院校自动化、计算机、电子信息等相关专业的本科生和研究生，以及从事计算机视觉和数字图像处理领域的工程技术人员和研究人员参考阅读。

图书在版编目（CIP）数据

面向强噪声场景的低秩稀疏学习视觉目标跟踪方法 / 田丹著. -- 北京 : 中国水利水电出版社, 2020.5（2021.5重印）
ISBN 978-7-5170-8540-9

Ⅰ. ①面… Ⅱ. ①田… Ⅲ. ①计算机视觉－视觉跟踪 Ⅳ. ①TP302.7

中国版本图书馆CIP数据核字(2020)第069898号

策划编辑：周益丹　　责任编辑：张玉玲　　封面设计：梁　燕

书　　名	面向强噪声场景的低秩稀疏学习视觉目标跟踪方法 MIANXIANG QIANG ZAOSHENG CHANGJING DE DIZHI XISHU XUEXI SHIJUE MUBIAO GENZONG FANGFA
作　　者	田丹　著
出版发行	中国水利水电出版社 （北京市海淀区玉渊潭南路 1 号 D 座　100038） 网址：www.waterpub.com.cn E-mail：mchannel@263.net（万水） sales@waterpub.com.cn 电话：(010) 68367658（营销中心）、82562819（万水）
经　　售	全国各地新华书店和相关出版物销售网点
排　　版	北京万水电子信息有限公司
印　　刷	三河市华晨印务有限公司
规　　格	170mm×240mm　16 开本　12.75 印张　194 千字
版　　次	2020 年 5 月第 1 版　2021 年 5 月第 2 次印刷
印　　数	2001—4000 册
定　　价	64.00 元

前　言

视觉目标跟踪技术是模式识别、机器视觉等领域的一个重要研究内容。该技术被广泛应用于军事制导、人机交互、安防监控、智能交通等领域。但随着应用范围的逐渐扩展，视觉目标跟踪经常会面临目标外观变化（旋转、尺度变化、非刚性形变）和复杂环境干扰（遮挡、强噪声、光照骤变）等问题，这将严重影响跟踪的精确性和稳定性，导致目标跟踪漂移。改善复杂场景环境下视觉目标跟踪的精确性和鲁棒性，已成为其应用中需要重点解决的技术难题，具有重要的研究意义。

本书以强噪声场景下的视觉目标跟踪问题为研究对象，重点从静态图像去噪、目标表观建模、复杂遮挡处理、快速运动定位和跟踪学习算法方面着手，基于低秩分解、稀疏表示、变分法、分数阶微积分理论和最优化理论等先进理论和方法实现运动目标的有效跟踪，抑制目标外观多样性和环境复杂干扰性对跟踪效果的影响。

针对目前静态图像去噪问题中的“阶梯效应”现象，本书提出了一种分数阶变分 ROF 模型，利用分数阶微分频率特性和正则化参数自适应调整策略有效保护了图像细节特征，平衡了边缘保护能力和去噪保真度，改善了图像视觉效果。针对目标跟踪中的快速运动和严重遮挡等挑战问题，本书提出了具有融合罚约束的低秩结构化稀疏表示目标跟踪算法，增强了对块结构信息的描述，以抑制遮挡问题，限制了表示系数轮廓的平滑性，保护跳跃信息，以适应目标快速运动。为了进一步抑制目标快速运动情况下的跟踪漂移问题，本书提出了反向低秩稀疏约束下的融合 Lasso 目标跟踪算法，限制目标表观在相邻帧间具有较小差异，但允许个别帧间存在较大差异性，以适应目标快速运动。此外，本书将变分调整引入到反向低秩稀疏学习目标跟踪技术，将稀疏系数差分建模在有界变差空间，允许连续帧间差异存在跳跃不连续性，并进一步扩展到分数阶微分，通过考虑更多连续帧间信息抑制遮挡因素影响，以适应目标快速运动。

本书由沈阳大学田丹副教授著。近年来，在国家自然科学基金青年项目（61703285）和辽宁省自然科学基金项目（2019-MS-237）的资助下，完成了数据采集、算法研究和实验测试等研究工作。由于著者水平有限，书中不妥之处在所难免，欢迎同行批评指正。

作 者

2020 年 3 月

目　录

第1章 绪 论

1.1 强噪声场景下视觉目标跟踪的研究意义

视觉目标跟踪技术是模式识别、机器视觉等研究领域的一个重要研究内容，广泛应用于军事制导、人机交互、安防监控和智能交通等领域。精确实时的目标跟踪还能为基于视觉的行为理解、语义分析、视觉检索和推理决策等处理奠定良好的基础，是实现高级人工智能的前提条件。

目前，视觉目标跟踪技术在理论研究和工程应用中已取得了很多有价值的研究成果。但随着应用范围的逐渐扩展，视觉目标跟踪经常会面临目标外观变化（旋转、尺度变化、非刚性形变）和复杂环境干扰（遮挡、强噪声、光照骤变）等问题，这将严重影响跟踪的精确性和稳定性，并导致目标跟踪漂移。因而改善复杂场景环境下视觉目标跟踪的精确性、鲁棒性和实时性来满足工程实践应用需求，已成为视觉目标跟踪技术应用中需要重点解决的技术难题，具有重要的研究意义和现实意义。

本书重点描述了关于复杂强噪声场景下视觉目标跟踪方法的研究工作。目前该领域的研究仍存在一些难点问题，诸如强噪声场景下目标跟踪的精确性问题，目标外观多样性情况下的表观建模问题，复杂环境遮挡带来的目标特征丢失问题，以及跟踪模型在线学习的计算效率问题，等等。稀疏表示方法在粒子滤波框架下，利用目标模板和背景模板构建字典，通过字典元素的线性稀疏组合表示目标表观，具有低存储需求和计算速度快等优势。同时因遮挡位置具有跟踪误差大且稀疏的特性，基于稀疏表示的目标表观建模还能抑制遮挡、运动模糊等因素的影响，但也存在目标模板缺乏丰富的图像特征信息的不足。低秩约束方法能将目标表观建模在低维子空间，从而提取候选目标的全局子空间结构，描述更为丰富的图像特征信息，增强在跟踪过程中对位置和光照变化的鲁棒性。但基于低秩约束的目标表观建模使候选粒子的子空间结构呈现独立高斯分布，残留误差小且密集，不利于处理遮挡问题。所以将稀疏表示和低秩约束方法相结合能增强跟踪的精确性和鲁棒性。传统的粒子滤波跟踪学习算法通过 L_1 范数优化问题求解，计算复杂度高，在一定程度上限制了其应用。反向低秩稀疏处理模式下的跟踪学习算法能提高计算效率，适用于对运动目标的快速跟踪，该算法的研究处于领域前沿，具有一定的深度和难度，其研究成果可用于智能交通、医学诊断等领域，可带来显著的社会效益和经济效益。

1.2 研究现状分析

目标跟踪主流算法大致可分为两类：一类是基于学习的跟踪方法，主要包括多示例学习[1]、稀疏表示[2]、结构化支持向量机[3]、压缩感知[4]、深度学习[5]等。另一类是非学习的跟踪方法，主要包括均值漂移[6]、光流法[7]、粒子滤波[8]、模板匹配[9]、相关滤波[10]等。基于学习的跟踪方法因其具有速度快、辨别力强、鲁棒性高等优势已成为当前的研究热点，其中的深度学习作为机器学习研究中的新兴方法，更是成为当前众多领域最热门的研究方向之一。在视觉应用领域方面，深度学习已成功应用于检测和识别领域，但在目标跟踪领域的应用却遭遇瓶颈，主要原因在于缺失训练数据。深度学习的优势在于对大量标注训练数据的有效学习，而目标跟踪仅提供了第一帧的目标区域作为训练数据，在跟踪过程中对当前目标从头训练深度模型极为困难。近年来，稀疏表示理论因其存储需求低和计算速度快等优势，广泛应用于目标跟踪领域。由于基于稀疏表示的目标跟踪的目标模板中缺乏丰富的图像特征，而子空间表达方法可以提取丰富的图像特征，因此出现了将稀疏表示理论和子空间表示理论相结合的跟踪方法。

目前视觉目标跟踪领域面临的主要难题有目标外观多样性（尺度变化、非刚性形变）情况下的表观建模问题、环境复杂多变带来的干扰（遮挡、强噪声）问题，以及跟踪在线学习的计算效率问题等。近年来，研究人员对复杂场景环境下的目标跟踪问题进行了大量研究，取得了很多行之有效的研究成果，下面主要针对上述难点问题对国内外研究现状及发展动态进行简要分析。

1.2.1 变分图像去噪方法研究现状

按照图像与噪声间的相关性划分，图像噪声可分为加性噪声和乘性噪声[11]。其中，加性噪声与图像无关，而乘性噪声与图像相关。在图像去噪方法中，变分方法将图像去噪建模为能量泛函的优化问题。该方法凭借其严格的数学理论基础，成为目前的研究热点之一。

1. 去除加性噪声的变分建模研究现状

1992 年，Rudin、Osher 和 Fatemi 提出了第一个去除加性噪声的变分模型，简称 ROF 模型[12]，能量泛函为

$$\min_{\boldsymbol{u}\in BV(\Omega)} \int_{\Omega}|\nabla \boldsymbol{u}|\mathrm{d}x\mathrm{d}y+\frac{\lambda}{2}\int_{\Omega}(\boldsymbol{u}-\boldsymbol{g})^2\mathrm{d}x\mathrm{d}y \tag{1.1}$$

式中，$\boldsymbol{u}$表示去噪后图像；$\boldsymbol{g}$表示观测图像；λ表示正则化参数；Ω表示图像的紧支撑域；BV（Bounded Variation）表示定义在Ω上的有界变差函数空间。

模型中第一项是 BV 空间中的半范数，称为正则项，起到抑制噪声的作用；第二项是数据保真项，主要作用是保持去噪后图像与观测图像的相似性，从而保持图像的边缘特征。该模型能有效刻画灰度均匀图像中的边缘结构，但不能描述纹理和噪声等振荡信息。针对这一问题，继 ROF 模型之后，出现了多种改进模型，分别集中在模型中数据保真项、正则项和正则化参数的改进。

在数据保真项的改进方面，为了更有效地描述图像中的振荡信息，一些学者提出了多种图像建模中函数空间的定义。2001 年，Meyer 提出了一种振荡函数建模理论[13]，将振荡成分建模在 BV 空间的一个近似对偶空间（G 空间），提出了著名的 BV-G 模型，为提取图像中的振荡成分提供了理论框架。但由于 BV-G 模型不易计算，无法求得对应的欧拉方程，后续出现了多种基于 Meyer 模型的改进模型。2003 年，L.Vese 和 S.Osher 将 G 空间近似为负 *Soblev* 空间[14]，从而通过将振荡信息建模为向量场的散度来近似 BV-G 模型。2005 年，Aujol 等人定义了 G 空间中的一个子空间，将图像的振荡分量投影在该子空间上，从而可以用不同的函数空间分别对图像的卡通成分（低频分量）、纹理成分（中频分量）和噪声成分（高

频分量）建模[15]，更有效地刻画图像不同区域的信息。2007 年，Gilboa 和 Osher 提出了一种非局部化 G 空间[16]的概念，并在该概念中提出了非局部 ROF 模型和非局部 Meyer 模型，为图像先验模型的研究提供了新思路。ROF 模型的数据保真项采用 L_2 范数刻画图像的振荡成分，T.Chan 等人据此提出了一种改进模型，利用 L_1 范数代替 L_2 范数[17]，以便分离图像中的高频成分，弥补去噪处理后图像对比度的缺失。但这种改进模型的缺点是具有非凸性，模型解不唯一。

在正则项的改进方面，考虑到图像的纹理和边缘信息均具有方向性，而 ROF 模型的正则项具有各向同性，一些学者提出了多种各向异性扩散[18]变分模型，

$$\min_{\boldsymbol{u}\in BV(\Omega)} \int_\Omega \phi(|\nabla \boldsymbol{u}|)\mathrm{d}x\mathrm{d}y + \frac{\lambda}{2}\int_\Omega (\boldsymbol{u}-\boldsymbol{g})^2\mathrm{d}x\mathrm{d}y \tag{1.2}$$

式中，$\phi(\cdot)$ 表示各向异性扩散函数。

针对 ROF 模型易产生“阶梯效应”现象的问题，一些学者提出将 ROF 模型正则项中梯度模的 L_1 范数替换为 L_2 范数。该方法能缓解“阶梯效应”，但同时会模糊化图像的边缘信息。因此，一些学者在此基础上提出了介于 L_1 范数和 L_2 范数之间的模型[19-20]，能量泛函为

$$\min_{\boldsymbol{u}\in BV(\Omega)} \int_\Omega |\nabla \boldsymbol{u}|^p\,\mathrm{d}x\mathrm{d}y + \frac{\lambda}{2}\int_\Omega (\boldsymbol{u}-\boldsymbol{g})^2\mathrm{d}x\mathrm{d}y \tag{1.3}$$

理想情况下，在图像的边缘区域取 $p=1$，而在图像的平坦区域取 $p=2$。如何自适应选取 p 值也是当前的一个研究问题。

同样为了缓解“阶梯效应”现象，一些学者考虑将 ROF 模型的正则项由一阶变分推广到高阶或低阶模式。在高阶扩展中[21-26]，比较著名的有 LLT 模型[27]，它将正则项建模为图像的二阶变分模式，能量泛函为

$$\min_{\boldsymbol{u}\in W^{2,1}(\Omega)\cap L^2(\Omega)} \int_\Omega |\nabla^2 \boldsymbol{u}|\,\mathrm{d}x\mathrm{d}y + \frac{\lambda}{2}\int_\Omega (\boldsymbol{u}-\boldsymbol{g})^2\,\mathrm{d}x\mathrm{d}y \tag{1.4}$$

式中，$W^{2,1}(\Omega)$ 表示 *Sobolev* 空间。

高阶建模方法不仅能缓解“阶梯效应”现象，而且能较好地保持图像的纹理和边缘等细节信息，但去噪效果很一般，会残留大量的噪声成分。

为了能在缓解“阶梯效应”现象的同时，更有效地去除噪声，对正则项微分

阶次的研究目前正往低阶模式发展[28-31]，即分数阶变分情况，能量泛函为

$$\min_{\boldsymbol{u}\in BV^{\alpha}(\Omega)} \int_{\Omega}\left|\nabla^{\alpha}\boldsymbol{u}\right|\mathrm{d}x\mathrm{d}y+\frac{\lambda}{2}\int_{\Omega}(\boldsymbol{u}-\boldsymbol{g})^{2}\mathrm{d}x\mathrm{d}y \tag{1.5}$$

式中，α 表示分数阶微分的阶次；BV^{α} 表示分数阶有界变差空间。

除了上述对数据保真项和正则项的改进之外，还有很多关于模型中正则化参数自适应选取方面的研究，它对平衡模型的去噪性能和对图像特征的保护能力起到重要作用。

2. 去除乘性噪声的变分建模研究现状

2003 年，Rudin、Lions 和 Osher 提出了第一个去除乘性噪声的变分模型（简称 RLO 模型[32]），能量泛函为

$$\min_{\boldsymbol{u}\in BV(\Omega)} \int_{\Omega}\left|\nabla\boldsymbol{u}\right|\mathrm{d}x\mathrm{d}y+\frac{\lambda}{2}\int_{\Omega}\left(\frac{\boldsymbol{g}}{\boldsymbol{u}}-1\right)^{2}\mathrm{d}x\mathrm{d}y \tag{1.6}$$

该模型的建模理念源于去除加性噪声的 ROF 模型，数据保真项中仅考虑了乘性噪声的基本统计特性（均值和方差）。

2008 年，Aubert 和 Aujol 基于噪声的最大后验概率估计，提出了一种继 RLO 模型之后著名的去除乘性斑点噪声的变分模型（简称 AA 模型[33]），能量泛函为

$$\min_{\boldsymbol{u}\in BV(\Omega)} \int_{\Omega}\left|\nabla\boldsymbol{u}\right|\mathrm{d}x\mathrm{d}y+\lambda\int_{\Omega}\left(\log\boldsymbol{u}+\frac{\boldsymbol{g}}{\boldsymbol{u}}\right)\mathrm{d}x\mathrm{d}y \tag{1.7}$$

该模型融入了 Gamma 噪声的先验分布信息，因此在处理该类噪声时去噪效果明显优于 RLO 模型。但 AA 模型具有非凸性，导致其去噪结果依赖于初始值的选取和数值化方法。

近年来兴起了关于乘性去噪凸变分模型的研究。例如，Shi 和 Osher 沿用 AA 模型的数据保真项，利用对数变换将乘性问题转换为加性问题，提出了一种严格凸的变分模型（简称 SO 模型[34]）；Chen 等人定义了一个符合 Gamma 分布的随机变量（变量形式不唯一），以该变量的局部期望值估计作为限制条件，提出了一种与 SO 模型形式相一致且带有局部限制的凸变分模型[35]；Steidl 和 Teuber 受去除泊松噪声的变分模型激发，以 I-divergence 距离作为数据保真项结合变分调整，提出了一种去除乘性 Gamma 噪声的凸变分模型（简称 ST 模型[36]）；Xiao 等人从视

觉生理学角度出发，根据 Weber 定律构造变分正则项，再结合乘性 Gamma 噪声分布的最大后验统计构造数据保真项，提出了一种 Weberized 变分模型[37]；该模型不仅强调了图像的正则性，同时能更好地保持图像的对比度特性。再有，鉴于 AA 模型中的对数算子要求在模型寻优的每个迭代步骤均限定 $\boldsymbol{u}$ 为正数，Huang 等人考虑到对数变换保留图像的边缘位置，将图像变换到对数域，提出了一种针对对数域图像的凸变分模型[38]。此外，Dong 和 Zeng 将 AA 模型和 ST 模型的数据保真项融合起来，用权值系数平衡二者的作用，即平衡 Gamma 分布限制和凸限制的侧重性，提出了一种在指定参数范围内的凸变分模型[39]。

变分方法无论用于去除加性噪声还是乘性噪声均是通过引入能量函数，将图像去噪问题转化为泛函求极值问题来解决的。当模型建立在 BV 空间时，对图像的边缘信息具有较好的保持能力，但因 BV 空间的函数具有分段平滑的特性，所以稳态解中均存在明显的“阶梯效应”现象，即遗失了纹理等细节信息，出现分段平滑的现象。目前，在变分去噪的建模研究中如何缓解“阶梯效应”现象是一个热点问题。

3. 变分数值算法

变分问题很难求得精确的解析解，通常采用一些近似的计算方法求取其数值解[40-45]。变分法广泛应用于处理具有不适定性的逆问题，在描述图像处理逆问题时通常构造如下的泛函模型，

$$\min \int_{\Omega} [\frac{1}{p}\|\nabla \boldsymbol{u}\|_p^p + \frac{\lambda}{q}\|\boldsymbol{K}\boldsymbol{u} - \boldsymbol{g}\|_q^q] \mathrm{d}x\mathrm{d}y \tag{1.8}$$

式中，$\boldsymbol{g}$ 表示原始图像；$\boldsymbol{u}$ 表示处理后图像；$\boldsymbol{K}$ 表示线性算子；λ 表示正则化参数；$\|\cdot\|$ 表示范数。

当 $p=1$，$q=2$ 时，称为 L_2 变分调整；而当 $p=1$，$q=1$ 时，称为 L_1 变分调整。求解变分问题的数值方法大致可分为如下几类：基于欧拉方程的方法（平滑近似为梯度的欧式范数）、原始对偶优化方法、马尔可夫随机场优化方法。目前，大多数算法都采用原始对偶优化方法，或者马尔可夫随机场优化，这两种方法无需求解线性系统方程，但缺陷是不适用于处理非平凡的线性算子 $\boldsymbol{K}$，仅适用于处理 $\boldsymbol{K}=\boldsymbol{I}$ 的图像去噪问题。下面总结一些最常用的变分数值算法。

在求解 L_2 变分问题时最常用的方法有：梯度下降法、原始对偶算法、滞后扩散固定点迭代法、牛顿法、投影法、优化极小化算法、快速傅立叶变换法、A^2BC 法、线性规划内点法等；而在求解 L_1 变分问题时最常用的方法有：马尔可夫随机场优化方法、二阶锥规划法、图割法、线性规划内点法、Bregman 分裂法、光流计算法、增广 Lagrangian 乘子法等。

1.2.2 分数阶微积分理论在图像处理应用中的研究现状

分数阶微积分理论作为整数阶微积分理论的扩展已有 300 多年的历史，最初仅侧重于纯数学理论的研究。直到 20 世纪后期，Mandelbrot 提出了分形理论，利用分数阶微积分描述和研究分形媒介中的布朗运动，分数阶微积分理论才开始逐渐应用于科学和工程领域。例如，在自动控制、信号处理、图像处理、统计与随机过程、电力分形网络、生物医学、地震分析和流体力学等领域均有成功应用。

分数阶微积分理论在数字图像处理领域的应用研究尚处于起步阶段，最初只是针对数字图像的建模，目前主要用于解决图像去噪、图像增强、图像边缘检测、图像分割和图像融合等问题。一些学者通过分析生物视网膜神经节细胞的感受野，建立了图像处理中的经典整数阶微分算子，包括一阶梯度算子（Sobel 算子、Roberts 算子和 Prewitt 算子）、二阶 Laplace 算子，以及墨西哥帽算子等，这些算子都可以近似看作 DOG（Difference of Gaussians，高斯差）感受野模型。为了更符合人类的视觉特性，人们将 DOG 感受野模型推广到分数阶微分算子情况，从此分数阶微积分理论在数字图像处理中开始逐渐应用。

目前，基于分数阶微积分理论的图像处理研究领域在国内外比较著名的研究成果主要包括以下方面：Bai 等人[46]从各向异性扩散方程出发，提出了一种基于分数阶各向异性扩散方程的图像去噪模型，并采用分数阶傅立叶变换进行模型的求解，有效抑制了传统去噪中的“阶梯效应”现象。Zhang 和 Wei 等人定义了一个新的函数空间，即分数阶有界变差函数空间，建立了一种分数阶多尺度图像去噪模型[47]，并且分析了分数阶变分算子及其共轭算子的一些特性。Chen 和 Sun 等人提出了一种分数阶 TV-L_2 去噪模型[48]，采用 MM（Majorization-Minimization）算法[49]将模型分解为一组线性优化问题，并采用共轭梯度算法求解模型。Zhang

等人基于分数阶曲率扩散提出了一种 CT 图像去噪模型，其去噪效果明显优于投影插值、线性插值和全变分方法。Pu 等人将分数阶微分用于处理图像增强问题，提出的六个分数阶微分掩模[50]较传统的一阶微分掩模能更有效地非线性保留图像平滑区域的细节信息，并且能增强图像中的纹理和边缘等小尺度的细节成分。Dominik 等人[51]在传统的卡尔曼滤波器中引入了分数阶微积分运算，分别在线性空间和非线性空间内提出了一种离散分数阶卡尔曼滤波算法，并对参数和分数阶次进行了估计。Zhang 和 Pu 等人提出了一种分数阶变分图像修复模型[52]，推导了模型对应的分数阶欧拉方程，并采用梯度下降算法求解模型。王卫星等人分析了分数阶微分的机理，考虑到分数阶微分对图像细节信息的增强能力，基于分数阶微分 Tiansi 算子提出了一种可用于增强图像边缘信息的改进 Tiansi 算子[53]。Mathieu 等人[54]将分数阶微分引入到边缘检测问题中，提出了一种 CRONE 边缘检测模板。模板中限定分数阶次介于−1 和 2 之间，分别分析了 $(-1,0)$、$(0,1)$ 和 $(1,2)$ 三个区间内模板对边缘细节的提取能力和对噪声的抑制能力。李青基于分数布朗运动模型有效提取了图像的分形特征，并结合支持向量机方法进行了特征分类，最终取得了较好的图像分割效果[55]。Chen 等人提出了一种分数阶高斯核函数[56]，并将其引入到 LBF 模型的数据保真项中，利用可控范围的局部区域灰度信息引导水平集曲线运动，有效实现了对弱边缘和模糊边缘的分割。Liu 等人[57]考虑到分数阶奇异值分解的稳定性和位移不变性，提出了一种人脸识别方法，有效提高了人脸发生剧烈变化时的识别效率。

分数阶微积分理论在数字图像处理领域中的应用研究尚处于起步阶段，随着分数阶微积分理论、计算机技术和数值计算方法的进一步发展，分数阶微积分理论在数字图像处理领域必将得到更为广泛的应用，还需专家学者们进一步的探索和研究。

1.2.3 低秩稀疏学习目标跟踪方法研究现状

1. 基于稀疏表示和低秩约束的目标表观建模研究现状

基于稀疏表示的目标跟踪算法于 2009 年由 Mei 等人[58]首次提出，用于克服遮挡和噪声带来的跟踪漂移问题。此后，稀疏表示成为视觉目标跟踪研究的一个热点。Zhong 等人[59]融合基于全局模板的稀疏分类器和基于局域斑块空间信息的稀疏生成模型建立稀疏联合目标表观模型用于目标跟踪。Zhang 等人[60]联合稀疏表示具有相同相关系数的候选目标，在粒子滤波框架下通过结构化的多任务稀疏表示鲁棒跟踪视觉目标。黄丹丹等人[61]提出一种基于判别性局部联合稀疏表示的目标表观模型，为目标区域内的局部图像分别构建具有判别性的字典，从而将判别信息引入到局部稀疏表观建模。

利用低秩约束将目标表观建模在低维子空间，能提取候选目标的全局子空间结构，从而增强目标跟踪对尺度、位置和光照变化的鲁棒性。Zhang 等人[62]于 2012 年最早将低秩约束引入到目标跟踪算法中，该算法通过粒子滤波采样候选粒子，基于低秩稀疏分解建模目标表观实现视觉跟踪。此后，Chen 等人[63]结合压缩感知和低秩相关性分析在局域特征空间建立斑块级目标表观模型，通过快速有效的学习实现鲁棒目标跟踪。Larsson 等人[64]基于 Fenchel 对偶设计凸包络函数，利用凸松弛法等效代替子块矩阵的低秩限制，避免了传统核函数低秩建模中复杂度较高的奇异值分解计算。

目前，结合稀疏表示和低秩约束的目标表观建模方法已成为该领域的研究热点之一。Sui 等人[65]在粒子滤波框架下，联合全局粒子的帧间子空间结构关系和相邻斑块的局域相关性，通过局域低秩稀疏表示建模目标表观。Sui 和 Tang 等人[66]改善了低秩稀疏分解粒子表观建模的分类能力，通过引入线性分类器识别并去除子空间候选斑块中的背景斑块，以便更准确地估计目标运动状态并定位目标。Liu 等人[67]利用低秩稀疏分解去除视觉背景，采用运动显著性映射方法分析时间片，区分目标运动和背景运动。Zhang 等人[68]在低秩稀疏分解表观建模的基础上引入调整项，惩罚训练数据的结构标记信息。

尽管上述基于稀疏表示和低秩约束的目标表观建模方法已取得了较好的跟踪效果，但在一些复杂情况下仍具有挑战性，如目标经历严重尺度变化或者非刚性形变时。原因是目标表观建模中缺少对目标表观多样性变化鲁棒的表观结构信息限制。

2. 遮挡处理策略研究现状

跟踪过程中，运动目标经常会被障碍物部分或者全部遮挡，导致提取的目标特征出现缺失或者错误，这种情况下构建表观模型不能准确反映目标的外观变化，进而影响最终的跟踪效果。目前很多跟踪算法都考虑了目标遮挡情况，在一定程度上具有处理遮挡问题的能力。Zhang 等人[69]在粒子滤波框架下通过低秩稀疏分解在线学习目标的表观变化，考虑了连续时间目标表观的一致性，限制了因遮挡、光照等环境因素复杂多变带来的干扰问题。He 等人[70]采用最大似然估计方法确定遮挡和噪声等残差的真实分布情况，基于鲁棒低秩稀疏学习跟踪红外目标。Zhang 等人[71]基于局域限制低秩稀疏学习方法匹配子块，对子块分别进行空域联合匹配和时域恒速运动限制，最终利用子块的置信度推断遮挡信息来解决视觉跟踪的局部遮挡问题。Zhang 和 Liu 等人[72]利用候选目标间和其内部斑块间空间布局结构关系提出结构化的稀疏跟踪方法，解决了相似目标和遮挡问题。Yang 等人[73]利用目标和背景间自适应加权表观映射的差异性处理异常候选问题，结合目标表观的低秩约束，连续目标观测的低秩结构，以及表观的稀疏表示实现目标跟踪。汪济洲[74]等人基于嵌入空间识别遮挡关系，构建遮挡关系函数表示遮挡目标间关系，并将之合并到跟踪算法框架内。同时，对联合状态预测函数进行分步处理，将多目标跟踪问题转变为嵌入空间中的分类问题。张彦超等人[75]提出了一种基于分片跟踪的遮挡处理算法，该算法在目标发生部分遮挡或者形变后，通过剩余有效片的强度信息对目标实现可靠跟踪，并结合卡尔曼滤波有效处理跟踪过程中的遮挡。

虽然基于分块或者分类处理的方法可以在某种程度上缓解遮挡对跟踪效果的影响，但目前很多算法在频繁、持续遮挡情况下的跟踪效果并不理想。如何有效处理遮挡问题仍是目标跟踪领域中的一个热点研究问题。

3. 粒子滤波框架下的跟踪学习算法研究现状

基于低秩稀疏表示的表观建模能描述目标的表观变化，而模型的有效快速求解则决定了目标跟踪的实时性和精确性。目前，粒子滤波框架下的在线目标跟踪学习已取得了大量的研究成果。Zhang 等人[76]通过增量式低秩特征学习 L_1 范数最小化模型，更新目标子空间表示的低秩特征和稀疏误差，实现鲁棒目标跟踪。Cong 等人[77]提出了一种具有低秩特征的距离学习模型，采用在线距离学习度量目标表观的相似性，并且利用最大范数代替传统的迹范数降低计算复杂度，最终将目标跟踪问题建模为最近邻搜索问题。Wang 等人[78]提出了一种基于低秩增量式子空间学习的鲁棒目标跟踪方法，该方法通过提取候选粒子与子空间基间的关系约束表示参数引导跟踪，并将跟踪模型拆分为子问题从而进行交替式迭代优化。Zhou 等人[79]利用贪婪策略将中间结果投影到秩限制可行域，并采用 Nesterov 法加速邻近梯度算法的收敛速度，避免了二次近似计算，提出了一种在线并行的子空间跟踪增量式学习算法。Lu 等人[80]针对低秩稀疏矩阵恢复问题，引入调整项平滑目标函数，利用迭代重加权最小平方法交替式更新变量及其权重。Wang 等人[81]提出了一种用于模板更新的在线鲁棒非负字典学习跟踪算法，该算法结合了在线鲁棒字典学习和非负矩阵分解，并采用 L_1 数据拟合非负约束，抑制了模型漂移问题。Wang 等人[82]针对 L_1 跟踪问题，利用正交完备基代替非正交过完备基，提出了一种基于小模板系数稀疏表示的在线跟踪学习算法，该算法提高了 L_1 跟踪的鲁棒性。李康等人[83]在粒子滤波框架下基于簇相似度测量实现目标跟踪，迭代计算各粒子与目标簇和背景簇间的相似度，将相似度最高的粒子确定为目标在该帧的位置，并通过更新目标簇和背景簇的统计特征，对粒子进行重采样防止退化。薛模根等人[84]通过增大背景样本的重构误差和利用 L_1 范数损失函数建立了一种在线鲁棒判别式字典学习模型，该模型以粒子滤波为框架，利用块坐标下降设计了该模型的在线学习算法，并用于跟踪模板更新。

目前在跟踪学习方面，复杂场景环境下运动目标跟踪仍存在稳定性和实时性问题，这仍是目标跟踪领域的研究热点。综上所述，增强视觉目标跟踪的精确性、鲁棒性、实时性仍是一项具有挑战性的课题。随着工程应用工具的进一步发展和完善，数值计算方法的进一步简化和改进，学术前沿的新方法和新技术的进一步推广和应用，计算机硬件设备运算能力的进一步发展和提高，目标跟踪技术的研究必将具有更加广泛的发展空间。

1.3 本书的主要工作

本书对强噪声场景下的视觉目标跟踪方法进行了深入研究。重点从静态图像去噪、目标表观建模、复杂遮挡处理、快速运动定位和跟踪学习算法方面着手，基于低秩分解、稀疏表示、变分法、分数阶微积分理论和最优化理论等先进方法和理论实现了对运动目标的有效跟踪，抑制了目标外观多样性和环境复杂干扰性对跟踪效果的影响。本书共 11 章，主要研究内容及其创新点如下：

第 1 章是绪论部分。本章首先介绍了本书的研究意义，其次综述了国内外在该领域的研究现状，最后指出了本书的主要研究内容与创新点。

第 2 章介绍了变分调整的一些基本方法，包括正则化参数选取方法和数值计算方法。本章具体说明了几种方法的基本思想、算法流程和优缺点，其中的大部分方法用于与后文提出的新方法进行比较性分析研究。

第 3 章基于对偶理论提出了一种原始对偶图像去噪模型，从理论上分析了该模型与经典 ROF 去噪模型的等价性，以及与鞍点优化模型的结构相似性，并使用一种求解鞍点问题的原始对偶算法对该模型进行求解，推导得出了算法的收敛条件。在模型参数选取方面，本章提出了一种基于 Morozov 偏差原理的自适应正则化参数调整策略，限制了图像去噪寻优过程的可行域，保护了图像特征。实验结果表明，采用的原始对偶算法能有效提高收敛速度，采用本章提出的自适应正则化参数调整策略能有效改善去噪效果。

第 4 章针对整数阶变分去噪易产生“阶梯效应”的问题，结合分数阶微积分理论和对偶理论，提出了一种分数阶变分去噪模型，推导了该模型的鞍点结构形式并在此基础上使用基于预解式的原始对偶算法对该模型进行求解，采用自适应变步长迭代优化策略提高寻优效率，弥补了传统数值算法对步长要求过高的缺陷，同时推导得出了算法的收敛条件，采用上一章所提出的自适应正则化参数调整策略，平衡了模型的边缘保护能力和去噪保真度。实验结果表明，本章提出的分数阶变分算法能够有效抑制“阶梯效应”，保护纹理和细节信息，且具有较快的收敛速度。

第 5 章针对乘性 Gamma 噪声的去除问题，分析研究了几种经典变分模型的特性和相关性。在此基础上，本章结合分数阶微分的频率特性，扩展了经典 I-divergence 变分模型，提出了一种分数阶凸变分模型，并基于对偶理论和鞍点理论，提出了一种求解该模型的分数阶原始对偶算法，分析了算法的收敛性。同时，为了平衡模型的边缘保护能力和保真性，本章基于平衡原理提出了一种无需噪声先验知识的自适应参数调整策略，并在实验中从频域角度分析、验证了提出的分数阶变分模型较经典的一阶变分模型能够有效缓解“阶梯效应”现象，更好地保持图像的中频纹理和高频边缘信息，而且提出的分数阶原始对偶数值算法能有效收敛，且收敛速度较快。

第 6 章考虑到传统的基于边缘检测的目标分割方法中，一阶导数方法易产生较粗的边缘，致使检测结果中遗失图像的部分细节信息；而二阶导数方法虽有较强的图像细节检测能力，但对噪声十分敏感的问题，结合分数阶微分的频率特性和其运算上的全局性，将经典的一阶 Sobel 边缘检测算子和二阶 Laplacian 边缘检测算子推广到分数阶模式用于提取医学影像的结构特征。实验结果表明，与整数阶微分相比，分数阶微分能检测更多的图像边缘细节特征，且对噪声的鲁棒性更强。

第 7 章为了进一步刻画目标的边缘和纹理等图像中重要的视觉几何结构，将分数阶变分的建模思想推广应用到变分水平集目标分割处理中，提出了一种分数阶 CV 目标分割模型，有效增强了对图像中目标物体凹陷部分区域的边界提取，并通过推导该模型对应的分数阶欧拉－拉格朗日方程，使能量函数的最小化过程可以通过梯度下降法实现。实验结果表明，提出的分数阶 CV 模型与传统的 CV 模型相比，能提取更多的凹陷部分轮廓，在分割图像目标细节上具有更好的性能。

第 8 章考虑到现有的低秩稀疏表示目标跟踪算法在目标突然运动和严重遮挡等情况下，经常出现跟踪漂移现象。为此，提出了一种具有融合罚约束的低秩结构化稀疏表示目标跟踪算法。该算法首先利用混合 L_{12} 范数稀疏表示候选粒子的局部斑块，增强对斑块间结构信息的描述，从而保护候选粒子间及其局部斑块间空间布局结构以解决遮挡问题；其次借鉴融合 Lasso 模型的建模思想，在目标表观模型中引入融合罚项，约束稀疏系数差分的绝对值，保证表示系数稀疏性的同时，使其连续性差异亦稀疏，从而限制表示系数轮廓的平滑性，易于获取跳跃信息，适应目标的快速运动；最后利用核范数低秩约束目标表观的时域相关性，以适应目标的外观变化。实验结果表明，本章提出的算法能适应复杂场景下的跟踪任务，特别是在目标形变、被遮挡、快速运动等情况下具有更好的适应性。

第 9 章鉴于现有的低秩稀疏优化目标跟踪算法容易存在下述两方面问题：①需要求解大量 L_1 优化问题，计算复杂度高；②在目标突变运动情况下经常出现跟踪漂移现象。为此，提出了一种反向低秩稀疏约束下基于融合最小绝对值收缩和选择算子（Lasso）的目标跟踪算法。该算法首先建立目标表观的反向稀疏表示描述，利用候选粒子反向稀疏表示目标模板，将在线跟踪中 L_1 优化问题的数目由候选粒子数简化为 1；其次将融合 Lasso 模型引入到目标跟踪建模中，约束表示系数差分的绝对值之和，保证表示系数稀疏性的同时，使其连续性差异亦稀疏，从而限制目标表观在相邻帧间具有较小差异，但允许个别帧间存在较大差异性，以适应目标的突变运动；最后利用核范数凸近似低秩约束，限制目标表观的时域相关性，以适应目标的外观变化。实验结果表明，本章提出的算法能完成对运动目标在具有严重遮挡、光照和尺度变化、突变运动等复杂场景下的跟踪任务，并与目前几种热点算法进行定性与定量分析比较，具有更高的跟踪精度和更快的跟踪速度，特别是在目标突变运动情况下具有更好的鲁棒性。

第 10 章考虑到低秩稀疏学习目标跟踪算法在目标快速运动和被严重遮挡等情况下，容易出现跟踪漂移现象的问题，提出了一种变分调整约束下的反向低秩稀疏学习目标跟踪算法。该算法首先采用核范数凸近似低秩约束描述候选粒子间的相关性，去除不相关粒子；其次利用变分调整将稀疏系数差分建模在有界变差空间，允许连续帧间差异存在跳跃不连续性，以适应目标的快速运动；最后通过反向稀疏表示描述目标表观，用候选粒子稀疏表示目标模板，简化在线跟踪计算。实验结果表明，本章提出的跟踪算法在复杂场景下具有较高的跟踪精度，特别是对运动目标在被严重遮挡和快速运动情况下的跟踪具有鲁棒性。

第 11 章为了抑制严重遮挡和快速运动等因素的影响，提出了一种基于反向低秩稀疏学习和分数阶变分调整的跟踪算法。该算法首先利用基于核范数的凸低秩近似约束候选粒子的相关性，去除不相关粒子；其次引入分数阶变分调整将稀疏系数差分建模在有界变差空间，允许连续帧间差异存在跳跃不连续性，适应目标快速运动，并扩展到分数阶微分通过考虑更多连续帧间信息来抑制遮挡因素影响；最后建立了目标表观的反向稀疏表示描述，简化了在线跟踪计算。实验结果表明，本章提出的算法在复杂场景下能实现稳定、准确跟踪。

第 2 章　变分问题的基本计算方法

2.1　引言

变分法是处理泛函的数学领域，在科学和工程应用中，它将一个实际问题转换为求解泛函极值的问题。其中，泛函通常由未知函数的积分或微分构造。变分法广泛应用于处理具有不适定性的逆问题，在描述图像处理逆问题时通常构造的泛函模型为

$$\min F(\boldsymbol{u})=\int_{\Omega}[\frac{1}{p}\|\nabla \boldsymbol{u}\|_{p}^{p}+\frac{\lambda}{q}\|\boldsymbol{K}\boldsymbol{u}-\boldsymbol{g}\|_{q}^{q}]\mathrm{d}x\mathrm{d}y \tag{2.1}$$

式中，$\boldsymbol{g}$ 表示原始图像；$\boldsymbol{u}$ 表示处理后图像；$\boldsymbol{K}$ 表示线性算子；λ 表示正则化参数；$\|\cdot\|$ 表示范数；p 和 q 的取值均为 1 或 2。

模型的最优化处理过程中需要重点解决的问题有：合理选取模型的正则化参数λ，以及确定有效的模型求解方法。

正则化参数在泛函模型［式（2.1）］中起到对正则项（第一项）和数据保真项（第二项）的平衡作用。当正则化参数较大时，数据保真项起到主导作用，模型的解越接近初值；当正则化参数较小时，正则项起到主导作用，处理后的图像越平滑。按是否需要图像噪声的先验知识划分，正则化参数的选取方法大致可分为两类：一类是基于先验知识的方法，例如基于图像信噪比的方法和基于图像噪声方差的方法等；另一类是无需先验知识的方法，例如广义交叉验证法和 L 曲线方法等。

式（2.1）很难求得精确的解析解，通常采用一些近似的计算方法求取其数值解。目前已有一些，如最速下降法、牛顿法、拟牛顿法、投影法、迭代收缩阈值法、线性规划内点法、快速傅立叶变换法和分裂 Bregman 迭代法等较成熟的变分

数值计算方法。这里以标准的 L_2 变分调整（ $p=1$， $q=2$ ）为例，简单介绍一些常用的正则化参数调整算法和变分数值计算方法。

2.2 正则化参数的调整算法

2.2.1 广义交叉验证法

广义交叉验证法[85]（Generalization Cross-Validation，GCV）的基本思想源于统计估计理论中用于选择最佳模型的 PRESS 准则，即当观测数据中任意一项被移除时，所选择的正则化参数能有效预测该移除项，保证变分问题的正则解与真实解间误差达到最小。

针对 L_2 变分调整模型，如对图像作向量化处理，即通过逐行扫描的方式将 $M \times N$ 的图像矩阵转换为列向量，则广义交叉验证法的目标是使式（2.2）达到最小值，

$$\frac{1}{MN}\sum_{j=1}^{MN}([\boldsymbol{g}]_j-[\boldsymbol{Ku}]_j)^2 \tag{2.2}$$

经过一系列的数学推导后，最终可确定选取参数 λ 的方法是使式（2.3）中的 GCV函数取得最小值，

$$GCV(\lambda)=\frac{1}{MN}\sum_{j=1}^{MN}([\boldsymbol{g}]_j-[\boldsymbol{Ku}]_j)^2\left[\frac{1-h_{j,j}(\lambda)}{1-\frac{1}{MN}\sum_{i=1}^{MN}h_{i,i}(\lambda)}\right] \tag{2.3}$$

式中， $h_{i,i}(\lambda)$ 是矩阵 $\boldsymbol{H}_\lambda=\boldsymbol{K}(\boldsymbol{K}^T\boldsymbol{K}+\lambda\nabla^T\nabla)^{-1}\boldsymbol{K}^T$ 的第 (i,i) 位置的元素。

式（2.3）也可改写为下面的形式：

$$GCV(\lambda)=\frac{\frac{1}{MN}\|\boldsymbol{g}-\boldsymbol{H}_\lambda\boldsymbol{g}\|_2^2}{[\frac{1}{MN}trace(\boldsymbol{I}-\boldsymbol{H}_\lambda)]^2} \tag{2.4}$$

式中， $trace(\cdot)$ 表示矩阵的迹； $\|\cdot\|$ 表示 Euclid 范数。

由此得出

$$\lambda = \arg\min_{\lambda} GCV(\lambda) \tag{2.5}$$

GCV 正则化参数调整算法的具体流程为：

（1）通过分析数学模型或者实验方式，确定参数 λ 的范围 $[\lambda_{\min}, \lambda_{\max}]$。

（2）将 λ 的取值范围等距离分割，取一组分割点 $\lambda_{\min} \leqslant \lambda_1 < \lambda_2 < \cdots \leqslant \lambda_{\max}$。

（3）将每个分割点的 λ 值依次代入式（2.4），选取使函数 $GCV(\lambda)$ 值最小的 λ_i 作为正则化参数。

GCV 方法的优势在于可直接根据图像自身信息进行参数估计，无需提供图像噪声的先验知识，但其缺陷在于函数 GCV(λ)的极小值点很难求得，因其在极小值点附近非常平坦。

2.2.2 L 曲线方法

2000 年，S.Oraintara 等人[86]提出了基于 L 曲线的正则化参数调整算法。对于式（2.1），当正则化参数 λ 取不同值时在全对数坐标下绘制曲线 $\log(\|\boldsymbol{Ku}_\lambda - \boldsymbol{g}\|)$ 和 $\log(\|\nabla \boldsymbol{u}_\lambda\|)$，绘制出的曲线形状很像“L”，故称其为 L 曲线。

L 曲线方法通过作图的方式显示随着正则化参数的变化，残差范数和解的范数的变化情况。在 L 曲线的竖直部分，正则化参数 λ 和残差范数 $\|\boldsymbol{Ku}_\lambda - \boldsymbol{g}\|$ 都很小，即解 $\boldsymbol{u}_\lambda$ 与扰动后的图像数据 $\boldsymbol{g}$ 吻合得很好，但解 $\boldsymbol{u}_\lambda$ 对正则化参数的变化很敏感；在 L 曲线的水平部分，正则化参数 λ 的值较大，残差范数 $\|\boldsymbol{Ku}_\lambda - \boldsymbol{g}\|$ 也随着相应增大，但解 $\boldsymbol{u}_\lambda$ 几乎不随 λ 变化。于是为了平衡这两种情况，可以选取 L 曲线中由竖直到水平的转角处对应的参数 λ 作为最优的正则化参数。通常对“转角”有如下几种选取方式：

（1）选择最大曲率点。

（2）选择距离参照点（如原点）最近的点。

（3）选择一负斜率直线与 L 曲线的切点。

当采用方法（3）选取“转角”时，假设 l 是一条斜率为 $-\theta = ctg^{-1}(-\gamma)$ 的负斜率直线，则 L 曲线与直线 l 的交点满足

$$\log(\|\boldsymbol{Ku}_\lambda - \boldsymbol{g}\|) + \gamma \log(\|\nabla \boldsymbol{u}_\lambda\|) = K_\lambda \tag{2.6}$$

式中，K_λ 表示直线 l 的截距。

假设$\hat{\lambda}$表示负斜率直线l与L曲线切点对应的正则化参数，则L曲线转角对应的正则化参数$\hat{\lambda}$满足

$$\hat{\lambda}\left\|\nabla \boldsymbol{u}_{\hat{\lambda}}\right\| = \gamma\left\|\boldsymbol{K}\boldsymbol{u}_{\hat{\lambda}} - \boldsymbol{g}\right\| \tag{2.7}$$

该等式的解不唯一，选取曲率为正且满足该等式的点作为转角。可以采用迭代算法求解，首先定义

$$f(\lambda) = \frac{\gamma\left\|\boldsymbol{K}\boldsymbol{u}_{\lambda} - \boldsymbol{g}\right\|}{\left\|\nabla \boldsymbol{u}_{\lambda}\right\|} \tag{2.8}$$

如采用不动点迭代算法，可得

$$\lambda^{k+1} = f(\lambda^k) = \frac{\gamma\left\|\boldsymbol{K}\boldsymbol{u}_{\lambda^k} - \boldsymbol{g}\right\|}{\left\|\nabla \boldsymbol{u}_{\lambda^k}\right\|} \tag{2.9}$$

迭代的终止条件可设为$|\lambda^{k+1} - \lambda^k| \leqslant \varepsilon$或者$|u^{\lambda^{k+1}} - u^{\lambda^k}| \leqslant \varepsilon$。其中，$\varepsilon$表示很小的正常数。

L 曲线方法的优势在于无需已知观测图像的误差水平，但其缺陷在于实际计算时不收敛，在解决大型问题时计算量较大，会耗用很长时间。

2.2.3 全局方差估计法

2001 年，Chan 等人[87]提出了一种基于图像的噪声方差估计正则化参数λ的方法，该方法从非线性扩散角度出发，对于非线性扩散方程

$$\frac{\partial \boldsymbol{u}}{\partial t} = \operatorname{div}\left(\frac{\nabla \boldsymbol{u}}{|\nabla \boldsymbol{u}|}\right) - \lambda(\boldsymbol{u} - \boldsymbol{g}) \tag{2.10}$$

两边同时乘以$(\boldsymbol{u} - \boldsymbol{g})$可得

$$\frac{\partial \boldsymbol{u}}{\partial t}(\boldsymbol{u} - \boldsymbol{g}) = (\boldsymbol{u} - \boldsymbol{g})\operatorname{div}\left(\frac{\nabla \boldsymbol{u}}{|\nabla \boldsymbol{u}|}\right) - \lambda(\boldsymbol{u} - \boldsymbol{g})^2 \tag{2.11}$$

随着时间t的变化，为使该扩散方程达到稳定状态应满足

$$\int_{\Omega}[(\boldsymbol{u} - \boldsymbol{g})\operatorname{div}\left(\frac{\nabla \boldsymbol{u}}{|\nabla \boldsymbol{u}|}\right) - \lambda(\boldsymbol{u} - \boldsymbol{g})^2]\mathrm{d}x\mathrm{d}y = 0 \tag{2.12}$$

通过简单的数学推导可得，随着时间 t 的变化正则化参数λ可按式（2.13）自适应选取。

$$\lambda(t)=\frac{\int_{\Omega}(\boldsymbol{u}-\boldsymbol{g})\operatorname{div}\left(\frac{\nabla \boldsymbol{u}}{|\nabla \boldsymbol{u}|}\right)\mathrm{d}x\mathrm{d}y}{\int_{\Omega}(\boldsymbol{u}-\boldsymbol{g})^2\mathrm{d}x\mathrm{d}y}=\frac{\int_{\Omega}(\boldsymbol{u}-\boldsymbol{g})\operatorname{div}\left(\frac{\nabla \boldsymbol{u}}{|\nabla \boldsymbol{u}|}\right)\mathrm{d}x\mathrm{d}y}{\sigma^2|\Omega|} \tag{2.13}$$

可见，正则化参数λ与噪声方差成反比关系，如此一来在变分调整的每个迭代步骤均可根据噪声强度来确定λ的取值，从而在去除图像噪声的同时，更好地保持图像的边缘细节信息。

2.2.4 局部方差估计法

2011 年，Dong 等人提出了一种基于图像局部方差的正则化参数自适应选取策略[88]，该策略通过创建局部窗的方式，基于图像的局部特征自适应选取正则化参数，能有效增强图像恢复处理的细节保护能力。

首先将带有惩罚项的 L_2 泛函模型［式（2.1）］转换为带有约束条件的优化问题，即

$$\begin{aligned}&\min J(\boldsymbol{u})=\int_{\Omega}\|\nabla \boldsymbol{u}\|\mathrm{d}x\mathrm{d}y\\&\text{subject to }\int_{\Omega}\boldsymbol{K}\boldsymbol{u}\mathrm{d}x\mathrm{d}y=\int_{\Omega}z\mathrm{d}x\mathrm{d}y,\ \int_{\Omega}\|\boldsymbol{K}\boldsymbol{u}-\boldsymbol{z}\|^2\mathrm{d}x\mathrm{d}y=\sigma^2|\Omega|\end{aligned} \tag{2.14}$$

假定 $w\in L^{\infty}(\Omega\times\Omega)$ 是一个标准化滤波器，满足

$$\int_{\Omega}\int_{\Omega}w(x,y)\mathrm{d}x\mathrm{d}y=1 \tag{2.15}$$

则经 w 滤波器平滑处理后的残差项可表示为

$$S(\boldsymbol{u})=\int_{\Omega}w(x,y)\|\boldsymbol{K}\boldsymbol{u}-\boldsymbol{z}\|^2\mathrm{d}x\mathrm{d}y \tag{2.16}$$

该项可以理解为图像的局部方差，这样原始的全局约束优化问题［式（2.14）］可转变为带有局部约束条件的优化问题，即

$$\min J(\boldsymbol{u})=\int_{\Omega}\|\nabla \boldsymbol{u}\|\mathrm{d}x\mathrm{d}y，\ \text{subject to } S(\boldsymbol{u})-\sigma^2\leqslant 0 \tag{2.17}$$

令 $\boldsymbol{r}=\boldsymbol{z}-\boldsymbol{K}\boldsymbol{u}$ 表示离散的残差图像，w 表示一个奇数，$\Omega_{i,j}^{w}$ 表示以 (i,j) 为中

心，大小为 $w \times w$ 的坐标窗，即

$$\Omega_{i,j}^{w} = \{(s+i, t+j): -\frac{w-1}{2} \leqslant s,t \leqslant \frac{w-1}{2}\} \tag{2.18}$$

如采用均值滤波方法作用于残差项，可得

$$S_{i,j}^{w} = \frac{1}{w^2} \sum_{(s,t)\in\Omega_{i,j}^{w}} [z_{s,t} - (\boldsymbol{Ku})_{s,t}]^2 = \frac{1}{w^2} \sum_{(s,t)\in\Omega_{i,j}^{w}} (r_{s,t})^2 \tag{2.19}$$

为使中心点 (i,j) 附近的邻域能保留更多的细节特征，该策略中给出了 $S_{i,j}^{w}$ 的取值上界。定义一个满足 χ^2 分布且自由度为 w^2 的随机变量

$$T_{i,j}^{w} = \frac{1}{\sigma^2} \sum_{(s,t)\in\Omega_{i,j}^{w}} (\eta_{s,t})^2 \tag{2.20}$$

式中，η 表示一个均值为 0，方差为 σ^2 的独立正态分布随机变量。

如果 $\boldsymbol{u} = \hat{\boldsymbol{u}}$ 满足 $\eta = \boldsymbol{z} - \boldsymbol{K}\hat{\boldsymbol{u}}$，则

$$S_{i,j}^{w} = \frac{1}{w^2} \sum_{(s,t)\in\Omega_{i,j}^{w}} [z_{s,t} - (\boldsymbol{K}\hat{\boldsymbol{u}})_{s,t}]^2 = \frac{1}{w^2} \sum_{(s,t)\in\Omega_{i,j}^{w}} (\eta_{s,t})^2 = \frac{\sigma^2}{w^2} T_{i,j}^{w} \tag{2.21}$$

在图像恢复处理中，如果 $\boldsymbol{u}$ 表示过平滑图像，则残差 $\boldsymbol{z} - \boldsymbol{Ku}$ 中能包含图像的细节信息，因为

$$S_{i,j}^{w} = \frac{1}{w^2} \sum_{(s,t)\in\Omega_{i,j}^{w}} [z_{s,t} - (\boldsymbol{Ku})_{s,t}]^2 > \frac{1}{w^2} \sum_{(s,t)\in\Omega_{i,j}^{w}} (\eta_{s,t})^2 = \frac{\sigma^2}{w^2} T_{i,j}^{w} \tag{2.22}$$

所以设定 $S_{i,j}^{w}$ 的取值上界为

$$B(w,m) = \frac{\sigma^2}{w^2} \xi(\max_{k=1,\cdots,m^2} T_k^{w}) \tag{2.23}$$

式中，ξ 表示随机变量的期望值。

考虑到上界的限定，定义局部方差估计器为

$$\tilde{S}_{i,j}^{w} = \begin{cases} S_{i,j}^{w} & \text{if } S_{i,j}^{w} \geqslant B(w,m) \\ \sigma^2 & \text{otherwise} \end{cases} \tag{2.24}$$

基于正则化参数 λ 的当前估计和模型解 $\boldsymbol{u}$ 的相关重建，S^{w} 可视为一个局部方差估计器，用于限定以像素点 (i,j) 为中心的局部窗内包含多少细节信息。书中基于图像的局部特征，按式（2.25）自适应选取正则化参数 λ 。

$$\begin{cases}(\tilde{\lambda}_{k+1})_{i,j}=(\tilde{\lambda}_k)_{i,j}+\rho\max[(\tilde{S}_k^w)_{i,j}-\sigma^2,0]\\(\lambda_{k+1})_{i,j}=\dfrac{1}{w^2}\sum\limits_{(s,t)\in\Omega_{i,j}^w}(\tilde{\lambda}_{k+1})_{s,t}\end{cases}\tag{2.25}$$

为了保证 $\tilde{\lambda}_{k+1}$ 和 $\tilde{\lambda}_k$ 的尺度相同，设定参数 $\rho=\rho_k=\|\tilde{\lambda}_k\|_\infty/\sigma$。

2.3 典型的变分数值算法

2.3.1 梯度下降法

梯度下降法是求解无约束优化问题中最简单、最经典的方法之一，结合任意多元函数沿梯度相反方向取值下降最快的规律，利用负梯度方向作为数值计算中每次迭代的搜索方向，使得优化问题的目标函数逐渐减小。具体来说，就是将求解 L_2 泛函模型［式（2.1）］的最小值问题等效为求解其对应的欧拉－拉格朗日方程，即

$$-\nabla\left(\frac{\nabla \boldsymbol{u}}{|\nabla \boldsymbol{u}|}\right)+\lambda \boldsymbol{K}^T(\boldsymbol{K}\boldsymbol{u}-\boldsymbol{g})=0\tag{2.26}$$

该方程具有非线性特性，很难求得解析解。梯度下降法通过引入时间变量 t，并设定初始条件 $\boldsymbol{u}_0=\boldsymbol{g}$，边界条件 $\partial u/\partial\vec{n}=0$（$n$ 表示边界 $\partial\Omega$ 的单位外部法向量），从而采用式（2.27）中的梯度下降流近似替代求解欧拉－拉格朗日方程。

$$\frac{\partial \boldsymbol{u}}{\partial t}=\nabla\left(\frac{\nabla \boldsymbol{u}}{|\nabla \boldsymbol{u}|}\right)-\lambda \boldsymbol{K}^T(\boldsymbol{K}\boldsymbol{u}-\boldsymbol{g})\tag{2.27}$$

梯度下降法的具体流程如下：

步骤 1 初始化：令 $k=0$，输入初始值 u_0。

步骤 2 迭代计算：（$k\geqslant 1$）

$$\begin{cases}f_k=\nabla\left(\dfrac{\nabla \boldsymbol{u}}{|\nabla \boldsymbol{u}|}\right)-\lambda \boldsymbol{K}^T(\boldsymbol{K}\boldsymbol{u}-\boldsymbol{g})\\\tau_k=\arg\min\limits_{\tau>0}F(\boldsymbol{u}_k-\tau f_k)\\\boldsymbol{u}_{k+1}=\boldsymbol{u}_k-\tau_k f_k\\k=k+1\end{cases}\tag{2.28}$$

梯度下降法保证了每次迭代均能求得泛函的局部最小值。理论上讲，当 $\partial \boldsymbol{u} / \partial t = 0$ 时方程达到稳态，泛函模型取得最小值。但由于该方法越接近目标值，步长越小，前进越慢，因此实用性较差。

2.3.2 投影法

2004 年，Chambolle 提出了一种求解泛函模型

$$\min\left\{E(u)=\frac{1}{2}\int_{\Omega}(\boldsymbol{u}-\boldsymbol{g})^2\mathrm{d}x\mathrm{d}y+\lambda\int_{\Omega}\left|\nabla \boldsymbol{u}\right|\mathrm{d}x\mathrm{d}y\right\} \tag{2.29}$$

的对偶方法，又称投影法[89]。依据变分原理，当边界条件 $\partial u / \partial \vec{n} = 0$ 成立时，该泛函问题的解满足

$$\boldsymbol{u}-\boldsymbol{g}-\lambda\nabla\cdot\left(\frac{\nabla \boldsymbol{u}}{\left|\nabla \boldsymbol{u}\right|}\right)=0 \tag{2.30}$$

方程中曲率项的差分格式较复杂，计算效率低，同时在常值图像区域直接计算会出现分母为零情况，所以在对正则项进行近似处理中会导致图像边缘处出现计算误差。为此，Chambolle 提出了该模型计算的对偶方法，其基本思想是通过引入对偶变量 $\boldsymbol{p}$ 将泛函模型中的变分项表示为

$$\int_{\Omega}\left|\nabla \boldsymbol{u}\right|\mathrm{d}x\mathrm{d}y=\sup_{p:|\boldsymbol{p}|\leqslant 1}\int_{\Omega}<\boldsymbol{u},\nabla \boldsymbol{p}>\mathrm{d}x\mathrm{d}y \tag{2.31}$$

从而式（2.29）可等效为

$$\sup_{p:|\boldsymbol{p}|\leqslant 1}\min_{\boldsymbol{u}}\left\{E(\boldsymbol{u},\boldsymbol{p})=\frac{1}{2}\int_{\Omega}(\boldsymbol{u}-\boldsymbol{g})^2\mathrm{d}x\mathrm{d}y+\lambda\int_{\Omega}\boldsymbol{u}\nabla\cdot\boldsymbol{p}\mathrm{d}x\mathrm{d}y\right\} \tag{2.32}$$

针对这个二变量的极值问题，可采用交替优化方法求解。为此，首先固定对偶变量 $\boldsymbol{p}$，对原始变量 $\boldsymbol{u}$ 求导，可得

$$\boldsymbol{u}=\boldsymbol{g}-\lambda\nabla\cdot\boldsymbol{p} \tag{2.33}$$

再将式（2.33）代回式（2.32），并通过简单的数学变形和化简，可得

$$\min_{p:|\boldsymbol{p}|\leqslant 1}\left\{E(\boldsymbol{p})=\int_{\Omega}\left(\nabla\cdot\boldsymbol{p}-\frac{\boldsymbol{g}}{\lambda}\right)^2\mathrm{d}x\mathrm{d}y\right\} \tag{2.34}$$

当 $|\boldsymbol{p}|<1$ 时，式（2.34）的极值解对应于

$$-\nabla\left(\nabla\cdot\boldsymbol{p}-\frac{\boldsymbol{g}}{\lambda}\right)=0 \tag{2.35}$$

当$|\boldsymbol{p}|=1$时，式（2.34）等效于

$$\min_{\boldsymbol{p}}\left\{E(\boldsymbol{p})=\int_{\Omega}\left(\nabla\cdot\boldsymbol{p}-\frac{\boldsymbol{g}}{\lambda}\right)^2\mathrm{d}x\mathrm{d}y+\frac{1}{2}\int_{\Omega}\alpha(\boldsymbol{p}^2-1)\mathrm{d}x\mathrm{d}y\right\} \tag{2.36}$$

其极值解对应于

$$-\nabla\left(\nabla\cdot\boldsymbol{p}-\frac{\boldsymbol{g}}{\lambda}\right)+\alpha\boldsymbol{p}=0 \tag{2.37}$$

从而有

$$\alpha=\left|\nabla\left(\nabla\cdot\boldsymbol{p}-\frac{\boldsymbol{g}}{\lambda}\right)\right| \tag{2.38}$$

综合式（2.33）、式（2.35）和式（2.36），可得式（2.32）的解为

$$\frac{\partial\boldsymbol{p}}{\partial t}=\nabla\left(\nabla\cdot\boldsymbol{p}-\frac{\boldsymbol{g}}{\lambda}\right)-\left|\nabla\left(\nabla\cdot\boldsymbol{p}-\frac{\boldsymbol{g}}{\lambda}\right)\right|\boldsymbol{p} \tag{2.39}$$

的稳态解，其半隐式差分迭代格式为

$$\frac{\boldsymbol{p}^{n+1}-\boldsymbol{p}^{n}}{\tau}=\nabla\left(\nabla\cdot\boldsymbol{p}^{n}-\frac{\boldsymbol{g}}{\lambda}\right)-\left|\nabla\left(\nabla\cdot\boldsymbol{p}^{n}-\frac{\boldsymbol{g}}{\lambda}\right)\right|\boldsymbol{p}^{n+1},\ \boldsymbol{p}^{0}=0 \tag{2.40}$$

从而有

$$\boldsymbol{p}^{n+1}=\frac{\boldsymbol{p}^{n}+\tau\nabla\left(\nabla\cdot\boldsymbol{p}^{n}-\frac{\boldsymbol{g}}{\lambda}\right)}{1+\tau\left|\nabla\left(\nabla\cdot\boldsymbol{p}^{n}-\frac{\boldsymbol{g}}{\lambda}\right)\right|},\ \boldsymbol{p}^{0}=0 \tag{2.41}$$

投影法与梯度下降法相比，避免了变分调整中分母为零时引发的奇异项问题，而且计算速度快，当$\tau\leqslant 1/8$时算法收敛。

式（2.32）也可采用梯度投影法求解，即先不考虑约束条件$|\boldsymbol{p}|\leqslant 1$，而是将式（2.32）的无约束解投影。无约束解对应的梯度流方程为

$$\frac{\partial\boldsymbol{p}}{\partial t}=\nabla\left(\nabla\cdot\boldsymbol{p}-\frac{\boldsymbol{f}}{\lambda}\right) \tag{2.42}$$

其显式差分迭代格式为

$$\frac{\boldsymbol{p}^{n+1}-\boldsymbol{p}^{n}}{\tau}=\nabla\left(\nabla\cdot\boldsymbol{p}^{n}-\frac{\boldsymbol{f}}{\lambda}\right),\ \boldsymbol{p}^{0}=0 \tag{2.43}$$

从而有

$$\boldsymbol{p}^{n+1}=\boldsymbol{p}^{n}+\tau\nabla\left(\nabla\cdot\boldsymbol{p}^{n}-\frac{\boldsymbol{f}}{\lambda}\right),\ \boldsymbol{p}^{0}=0 \tag{2.44}$$

投影得

$$\boldsymbol{p}^{n+1}=\frac{\boldsymbol{p}^{n}+\tau\nabla\left(\nabla\cdot\boldsymbol{p}^{n}-\frac{\boldsymbol{f}}{\lambda}\right)}{\max\left[\left|\boldsymbol{p}^{n}+\tau\nabla\left(\nabla\cdot\boldsymbol{p}^{n}-\frac{\boldsymbol{f}}{\lambda}\right)\right|,1\right]},\ \boldsymbol{p}^{0}=0 \tag{2.45}$$

2.3.3 快速阈值收缩迭代法

2009 年，Beck 和 Teboulle 提出了著名的快速阈值收缩迭代算法（Fast iterative shrinkage/thresholding algorithm，FISTA[90]），该算法可视为最速下降法的一种扩展，优势在于它以前两次迭代结果的线性组合作为当前迭代的起点，从而有效消除了每次迭代的冗余信息。

考虑如

$$\min_{\boldsymbol{u}}\{F(\boldsymbol{u})=f(\boldsymbol{u})+g(\boldsymbol{u})\} \tag{2.46}$$

的优化模型，当描述图像去噪问题时，模型中 $f(\boldsymbol{u})=\frac{1}{2}\|\boldsymbol{u}-\boldsymbol{u}_0\|^2$， $g(\boldsymbol{u})=\mu\|\nabla\boldsymbol{u}\|$，$\boldsymbol{u}_0$ 表示观测图像，$\boldsymbol{u}$ 表示去噪后图像。首先给出最邻近映射的概念，对于一个连续的闭凸函数 $g:\mathrm{E}\to(-\infty,+\infty]$ 和任意标量 $t>0$，函数 g 的最邻近映射可定义为

$$\operatorname{prox}_t(g)(x)=\arg\min_{u}\left[g(u)+\frac{1}{2t}\|u-x\|^2\right] \tag{2.47}$$

针对模型的求解问题，FISTA 中引入了变量 $\boldsymbol{y}$，定义了一个映射算子

$$p_L(\boldsymbol{y})=\operatorname{prox}_{1/L}(g)\left(\boldsymbol{y}-\frac{1}{L}\nabla f(\boldsymbol{y})\right)=\arg\min\left\{\frac{L}{2}\left\|\boldsymbol{u}-\left[\boldsymbol{y}-\frac{1}{L}\nabla f(\boldsymbol{y})\right]\right\|^2+\|\nabla\boldsymbol{u}\|\right\} \tag{2.48}$$

式中，L 表示 $\nabla f(\boldsymbol{u})$ 的 Lipschitz 常数。算法流程具体如下：

步骤 1 初始化：输入参数 L 的上界值，定义变量 $\boldsymbol{y}_1=\boldsymbol{u}_0$，权值 $t_1=1$。

步骤 2 迭代计算：（$k \geqslant 1$）

$$\begin{cases} \boldsymbol{u}_k = p_L(\boldsymbol{y}_k) \\ t_{k+1} = \dfrac{1+\sqrt{1+4t_k^2}}{2} \\ \boldsymbol{y}_{k+1} = \boldsymbol{u}_k + \left(\dfrac{t_k - 1}{t_{k+1}}\right)(\boldsymbol{u}_k - \boldsymbol{u}_{k-1}) \end{cases} \tag{2.49}$$

该算法是在 Lipschitz 常数已知情况下的一种固定步长算法，当 Lipschitz 常数未知时，可变换为可变步长算法。首先定义目标函数 $F(\boldsymbol{u})$ 在给定点 $\boldsymbol{y}$ 处的近似形式

$$Q_L(\boldsymbol{u},\boldsymbol{y}) = f(\boldsymbol{y}) + \langle \boldsymbol{u}-\boldsymbol{y}, \nabla f(\boldsymbol{y}) \rangle + \frac{L}{2}\|\boldsymbol{u}-\boldsymbol{y}\|^2 + g(\boldsymbol{u}) \tag{2.50}$$

则在给定点 $\boldsymbol{y}$ 处，求取使函数 $Q_L(u,y)$ 达到最小值时对应的变量 $\boldsymbol{u}$ 可表示为

$$p_L(\boldsymbol{y}) = \arg\min_{\boldsymbol{u}} \{Q_L(\boldsymbol{u},\boldsymbol{y}) : \boldsymbol{u} \in R^n\} \tag{2.51}$$

省略一些常量后可得

$$p_L(\boldsymbol{y}) = \arg\min_{\boldsymbol{u}} \left\{ \frac{L}{2} \left\| \boldsymbol{u} - \left[\boldsymbol{y} - \frac{1}{L}\nabla f(\boldsymbol{y}) \right] \right\|^2 + g(\boldsymbol{u}) \right\} \tag{2.52}$$

最后，寻优找出符合

$$F[p_{\bar{L}}(u_{k-1})] \leqslant Q_{\bar{L}}[p_{\bar{L}}(u_{k-1}), u_{k-1}] \tag{2.53}$$

的最小 $\bar{L}$ ［$\bar{L} = \eta^{i_k} L_{k-1}$（$L_0 > 0$，$\eta > 1$ 均为常数）］逼近 $\nabla f(\boldsymbol{u})$ 的 Lipschitz 常数。

可变步长的 FISTA 流程具体如下：

步骤 1 初始化：输入参数 $L_0 > 0$，$\eta > 1$，定义变量 $\boldsymbol{y}_1 = \boldsymbol{u}_0$，权值 $t_1 = 1$。

步骤 2 寻找满足式（2.52）的最小非负整数 i_k，令 $L_k = \eta^{i_k} L_{k-1}$。

步骤 3 迭代计算：（$k \geqslant 1$）

$$\begin{cases} \boldsymbol{u}_k = p_L(\boldsymbol{y}_k) \\ t_{k+1} = \dfrac{1+\sqrt{1+4t_k^2}}{2} \\ \boldsymbol{y}_{k+1} = \boldsymbol{u}_k + \left(\dfrac{t_k - 1}{t_{k+1}}\right)(\boldsymbol{u}_k - \boldsymbol{u}_{k-1}) \end{cases} \tag{2.54}$$

2.3.4 加权范数迭代法

考虑到图像处理逆问题在建模时常采用 L_2 范数，2009 年，Paul 和 Brendt 提出了利用加权矩阵将式（2.1）中 p 范数下的通用泛函模型转换为标准的 L_2 范数优化模型，即

$$T^{(k)}(\boldsymbol{u})=\frac{1}{2}\left\|\boldsymbol{W}_F^{(k)^{1/2}}(\boldsymbol{Ku}-\boldsymbol{g})\right\|_2^2+\frac{\lambda}{2}\left\|\boldsymbol{W}_R^{(k)^{1/2}}\boldsymbol{Du}\right\|_2^2+C(\boldsymbol{u}^{(k)}) \tag{2.55}$$

式中，$C(\boldsymbol{u}^{(k)})$ 表示关于 $\boldsymbol{u}$ 的常数。

$$\boldsymbol{W}_F^{(k)}=\mathrm{diag}(\tau_{F,\varepsilon_F}(\boldsymbol{Ku}^{(k)}-\boldsymbol{g}))，\quad \tau_{F,\varepsilon_F}(x)=\begin{cases}|x|^{p-2} & |x|>\varepsilon_F\\ \varepsilon_F^{p-2} & |x|\leqslant\varepsilon_F\end{cases} \tag{2.56}$$

$$\boldsymbol{W}_R^{(k)}=\begin{pmatrix}\Omega_R^{(k)} & 0\\ 0 & \Omega_R^{(k)}\end{pmatrix}，\quad \boldsymbol{D}=\begin{pmatrix}D_x\\ D_y\end{pmatrix}，\quad \Omega_R^{(k)}=\mathrm{diag}\{[(D_x\boldsymbol{u}^{(k)})^2+(D_y\boldsymbol{u}^{(k)})^2]^{(q-2)/2}\} \tag{2.57}$$

式中，ε_F 表示一个趋近于零的正常数。

基于式（2.55）的一阶梯度方向和二阶梯度方向，文献[91]中提出了两种加权范数迭代算法（Iteratively Reweighted Norm，IRN 算法），算法流程如下：

1．基于一阶梯度方向的 IRN 算法

步骤 1 初始化：输入线性算子 $\boldsymbol{K}$ 和噪声图像 $\boldsymbol{g}$，令

$$\boldsymbol{u}^{(0)}=(\boldsymbol{K}^T\boldsymbol{K}+\lambda\boldsymbol{D}^T\boldsymbol{D})^{-1}\boldsymbol{K}^T\boldsymbol{g}\text{。}$$

步骤 2 迭代计算：（$k=0,1,\cdots$）

$$\begin{cases}\boldsymbol{W}_F^{(k)}=\mathrm{diag}[\tau_{F,\varepsilon_F}(\boldsymbol{Ku}^{(k)}-\boldsymbol{g})]\\ \Omega_R^{(k)}=\mathrm{diag}\{\tau_{R,\varepsilon_R}[(D_x\boldsymbol{u}^{(k)})^2+(D_y\boldsymbol{u}^{(k)})^2]\}\\ \boldsymbol{W}_R^{(k)}=\begin{pmatrix}\Omega_R^{(k)} & 0\\ 0 & \Omega_R^{(k)}\end{pmatrix}\\ \boldsymbol{u}^{(k+1)}=(\boldsymbol{K}^T\boldsymbol{W}_F^{(k)}\boldsymbol{K}+\lambda\boldsymbol{D}^T\boldsymbol{W}_R^{(k)}\boldsymbol{D})^{-1}\boldsymbol{K}^T\boldsymbol{W}_F^{(k)}\boldsymbol{g}\end{cases} \tag{2.58}$$

该算法基于一阶梯度构造加权矩阵，算法中矩阵的求逆运算可采用共轭梯度法、雅克比松弛迭代法或高斯赛德尔松弛迭代法来实现。

2. 基于二阶梯度方向的 IRN 算法

步骤 1 初始化：输入线性算子 $\boldsymbol{K}$ 和噪声图像 $\boldsymbol{g}$，定义常数 $\eta^{(k,0)}=0.5$，$\alpha_G,\alpha_L=(1+\sqrt{5})/2$，$\gamma_G,\gamma_L=0.5$，令 $\boldsymbol{u}^{(0)}=(\boldsymbol{K}^T\boldsymbol{K}+\lambda\boldsymbol{D}^T\boldsymbol{D})^{-1}\boldsymbol{K}^T\boldsymbol{g}$。

步骤 2 迭代计算：（$k=0,1,\cdots$，$n=1,2,\cdots$）

$$\begin{cases}\boldsymbol{W}_F^{(k)}=\operatorname{diag}[\tau_{F,\varepsilon_F}(\boldsymbol{K}\boldsymbol{u}^{(k)}-\boldsymbol{g})]\\ \boldsymbol{g}^{(k)}=\boldsymbol{W}_F^{(k)}\boldsymbol{g}\\ \boldsymbol{r}^{(k)}=[\nabla_u^2T^{(k)}(\boldsymbol{u})]\boldsymbol{u}^{(k)}-\boldsymbol{g}^{(k)}\\ \eta^{(k)}=\gamma_G\left(\dfrac{\|\boldsymbol{r}^{(k)}\|}{\|\boldsymbol{g}^{(k)}\|}\right)^{\alpha_G}\\ \boldsymbol{u}^{(k+1,0)}=\boldsymbol{g}^{(k)}\\ \boldsymbol{g}^{(k,0)}=[\nabla_u^2T^{(k)}(\boldsymbol{u})]\boldsymbol{g}^{(k)}-\boldsymbol{g}^{(k)}\\ \boldsymbol{x}^{(k,0)}=\text{SOLVER}[\nabla_u^2T^{(k)}(\boldsymbol{u}),\boldsymbol{g}^{(k,0)},\eta^{(k,0)}]\\ \boldsymbol{u}^{(k+1,1)}=\boldsymbol{u}^{(k,0)}-\boldsymbol{x}^{(k+1,0)}\\ \boldsymbol{g}^{(k,n)}=\boldsymbol{g}^{(k,n-1)}-\boldsymbol{K}\boldsymbol{x}^{(k,n-1)}\\ \text{if}\left(\dfrac{\|\boldsymbol{g}^{(k,n)}\|}{\|\boldsymbol{g}\|}<\eta^{(k)}\right)\{\boldsymbol{u}^{(k+1)}=\boldsymbol{u}^{(k+1,n)}\text{BREAK}\}\\ \eta^{(k,n)}=\gamma_L\left(\dfrac{\|\boldsymbol{g}^{(k,n)}\|}{\|\boldsymbol{g}^{(k,n-1)}\|}\right)^{\alpha_L}\\ \boldsymbol{x}^{(k,n)}=\text{SOLVER}[\nabla_u^2T^{(k)}(\boldsymbol{u}),\boldsymbol{g}^{(k,n)},\eta^{(k,n)}]\\ \boldsymbol{u}^{(k+1,n+1)}=\boldsymbol{u}^{(k+1,n)}-\boldsymbol{x}^{(k,n)}\end{cases}\tag{2.59}$$

该算法在加权范数迭代的基础上引入了非精确修正牛顿法，运行速度明显优于基于一阶梯度方向的 IRN 算法和非精确修正牛顿法。

2.3.5 MM 算法

2006 年，Bioucas 等人提出了一种求解图像去卷积变分模型，即

$$\min\left\{L(\boldsymbol{u})=\|\boldsymbol{K}\boldsymbol{u}-\boldsymbol{g}\|^2+\lambda TV(\boldsymbol{u})\right\}\tag{2.60}$$

的优化极小化算法（Majorization-Minimization, MM 算法）。

式中，$TV(\boldsymbol{u})=\sum_{i}\sqrt{(\Delta_i^h\boldsymbol{u})^2+(\Delta_i^v\boldsymbol{u})^2}$，$\Delta_i^h\boldsymbol{u}$ 和 $\Delta_i^v\boldsymbol{u}$ 分别表示一阶梯度水平和垂直方向的分量。

MM 算法是一种定义在离散域的算法，它基于凸分析理论将复杂的优化问题转换为一系列简单问题，其基本思想是在一定条件下，构造一个易于优化的目标函数 $Q(\boldsymbol{u}\mid\boldsymbol{u}^{(t)})$，利用其代替变分模型作最小化处理。

假定 $\boldsymbol{u}^{(t)}$ 表示当前迭代所得图像，则目标函数 $Q(\boldsymbol{u}\mid\boldsymbol{u}^{(t)})$ 应满足

$$\begin{cases}L(\boldsymbol{u}^{(t)})=Q(\boldsymbol{u}^{(t)}\mid\boldsymbol{u}^{(t)})\\ L(\boldsymbol{u})\leqslant Q(\boldsymbol{u}\mid\boldsymbol{u}^{(t)}), \quad \boldsymbol{u}\neq\boldsymbol{u}^{(t)}\end{cases} \tag{2.61}$$

即目标函数 $Q(\boldsymbol{u}\mid\boldsymbol{u}^{(t)})$ 应构造为能量泛函 $L(\boldsymbol{u})$ 的上界函数，假定 $\boldsymbol{u}^{(t+1)}$ 由

$$\boldsymbol{u}^{(t+1)}=\arg\min_{\boldsymbol{u}} Q(\boldsymbol{u}\mid\boldsymbol{u}^{(t)}) \tag{2.62}$$

求得，则

$$L(\boldsymbol{u}^{(t+1)})\leqslant Q(\boldsymbol{u}^{(t+1)}\mid\boldsymbol{u}^{(t)})\leqslant Q(\boldsymbol{u}^{(t)}\mid\boldsymbol{u}^{(t)})=L(\boldsymbol{u}^{(t)}) \tag{2.63}$$

可见，为使能量泛函 $L(\boldsymbol{u})$ 沿下降方向迭代，无需最小化目标函数 $Q(\boldsymbol{u}\mid\boldsymbol{u}^{(t)})$，仅需确定 $Q(\boldsymbol{u}\mid\boldsymbol{u}^{(t)})$ 的值也沿下降方向迭代即可。

考虑到式（2.60）中变分正则项为凸函数，目标函数 $Q(\boldsymbol{u}\mid\boldsymbol{u}^{(t)})$ 可构造为

$$Q(\boldsymbol{u}\mid\boldsymbol{u}^{(t)})=\|K\boldsymbol{u}-\boldsymbol{g}\|^2+Q_{\mathrm{TV}}(\boldsymbol{u}\mid\boldsymbol{u}^{(t)}) \tag{2.64}$$

式中，

$$Q_{\mathrm{TV}}(\boldsymbol{u}\mid\boldsymbol{u}^{(t)})=\mathrm{TV}(\boldsymbol{u}^{(t)})+\frac{\lambda}{2}\sum_i\frac{[(\Delta_i^h\boldsymbol{u})^2-(\Delta_i^h\boldsymbol{u}^{(t)})^2]}{\sqrt{(\Delta_i^h\boldsymbol{u}^{(t)})^2+(\Delta_i^v\boldsymbol{u}^{(t)})^2}}+\frac{\lambda}{2}\sum_i\frac{[(\Delta_i^v\boldsymbol{u})^2-(\Delta_i^v\boldsymbol{u}^{(t)})^2]}{\sqrt{(\Delta_i^h\boldsymbol{u}^{(t)})^2+(\Delta_i^v\boldsymbol{u}^{(t)})^2}} \tag{2.65}$$

令 $\boldsymbol{D}^h$ 和 $\boldsymbol{D}^v$ 表示矩阵，$\boldsymbol{D}^h\boldsymbol{u}$ 和 $\boldsymbol{D}^v\boldsymbol{u}$ 表示一阶梯度水平和垂直方向的分量。定义

$$\boldsymbol{W}^{(t)}=\mathrm{diag}(w^{(t)},w^{(t)}),\quad w^{(t)}=\frac{\lambda/2}{\sqrt{(\Delta_i^h\boldsymbol{u}^{(t)})^2+(\Delta_i^v\boldsymbol{u}^{(t)})^2}} \qquad i=1,2,\cdots \tag{2.66}$$

基于上述定义，$Q_{TV}(\boldsymbol{u}\mid\boldsymbol{u}^{(t)})$ 可表示为

$$Q_{\mathrm{TV}}(\boldsymbol{u}\mid\boldsymbol{u}^{(t)})=\boldsymbol{u}^T\boldsymbol{D}^T\boldsymbol{W}^{(t)}\boldsymbol{D}\boldsymbol{u}+c^{te} \tag{2.67}$$

式中，$\boldsymbol{D}=[(\boldsymbol{D}^h)^T,(\boldsymbol{D}^v)^T]^T$，$c^{te}$表示常数。

这样式（2.60）中的最小化问题可通过

$$\boldsymbol{u}^{(t+1)}=(\boldsymbol{K}^T\boldsymbol{K}+\boldsymbol{D}^T\boldsymbol{W}^{(t)}\boldsymbol{D})^{-1}\boldsymbol{K}^T\boldsymbol{g} \tag{2.68}$$

实现。

MM 算法的算法流程可描述如下：

步骤 1 初始化：令$\boldsymbol{u}_0=\boldsymbol{g}$。

步骤 2 迭代计算：

$$\begin{cases}\text{for}\, t=0:stopRule\\ \boldsymbol{W}^{(t)}=\text{diag}(w^{(t)},w^{(t)})\\ \boldsymbol{u}^{(t+1)}=\boldsymbol{u}^{(t)}\\ \text{while}\left\|\boldsymbol{A}^{(t)}\boldsymbol{u}^{(t+1)}-\boldsymbol{K}^T\boldsymbol{g}\right\|\geqslant\varepsilon\left\|\boldsymbol{K}^T\boldsymbol{g}\right\|\\ \boldsymbol{u}^{(t+1)}=\text{next}\,CG\text{iteration}\\ \text{end}\\ \text{end}\end{cases} \tag{2.69}$$

由该迭代方程获取$\boldsymbol{u}^{(t+1)}$等效于求解大量的线性系统$\boldsymbol{A}^{(t)}\boldsymbol{u}=\boldsymbol{K}^T\boldsymbol{g}$（其中，$\boldsymbol{A}=\boldsymbol{K}^T\boldsymbol{K}+\boldsymbol{D}^T\boldsymbol{W}^{(t)}\boldsymbol{D}$），计算量很大。在 MM 算法中为了保证目标函数$Q(\boldsymbol{u}\,|\,\boldsymbol{u}^{(t)})$的每次迭代均沿下降方向，采用了共轭梯度法实现寻优过程。

第 3 章　基于变分理论的自适应原始对偶去噪算法

3.1　引言

如何在消除噪声的同时，有效保持图像边缘的细节特征是目前图像去噪领域的研究难点之一。为了解决这一问题，Rudin、Osher 和 Fatime 于 1992 年提出了一种著名的全变分正则化模型，简称 ROF 模型，该模型通过引入能量函数，将图像去噪问题转化为泛函求极值问题，所采用的有界变差（Bounded Variation，BV）函数空间允许存在跳跃间断，因此可以较好地保持图像的边缘。

ROF 模型在去噪优化过程中需要重点解决的问题有：合理选取模型的正则化参数，以及确定有效的模型求解方法。其中，正则化参数用于平衡模型的抑制噪声能力和对图像特征的保持能力。正则化参数过小，去噪效果会出现过平滑现象；正则化参数过大，噪声不能有效滤除。考虑到 ROF 模型数据保真项的结构特征，本章基于 Morozov 偏差原理[92]自适应选取调整参数，从而限制去噪优化过程的可行域（偏差上界），以保持图像的原始特征。在 ROF 模型的数值计算方面，考虑到如果采用经典的欧拉方程方法，需要计算一个不可微函数（变分正则项）的导数这一问题，本章基于对偶理论等效变换 ROF 模型，提出了一种 ROF 原始对偶模型。该替代模型的结构特征与鞍点优化模型具有相似性，可建立对应关系，适用于采用一种求解鞍点模型的基于预解式的原始对偶算法求解。为了保证算法求解的收敛性，分析了相关参数的取值范围，实验结果表明，与一些现有的经典方法相比，本章提出的正则化参数自适应选取策略能更有效的改善图像去噪效果，同时采用的原始对偶算法收敛速度更快。

3.2 ROF 模型及其变换形式

3.2.1 ROF 模型

ROF 模型是第一个用于去除图像加性噪声的变分模型，它将图像中加性噪声的去除问题建模为优化问题，其数学模型的离散形式为

$$\min_{\boldsymbol{u}\in BV(\Omega)} \|\nabla \boldsymbol{u}\|_1 + \frac{\lambda}{2}\|\boldsymbol{u}-\boldsymbol{g}\|_2^2 \tag{3.1}$$

式中，$\|\cdot\|_v$ 表示 v 范数；∇ 表示梯度算子；$\boldsymbol{u}$ 表示去噪后图像；$\boldsymbol{g}$表示观测图像；λ 表示正则化参数；BV表示定义在图像紧支撑域 Ω 上的有界变差函数空间。

BV 可表示为

$$BV(\Omega)=\{\boldsymbol{u}\mid \boldsymbol{u}\in L^1(\Omega), \|\nabla \boldsymbol{u}\|_1<\infty\} \tag{3.2}$$

式（3.1）中第一项是 BV 空间中的半范数，称为正则项，在优化过程中起到抑制噪声的作用；第二项是图像的噪声方差，称为数据保真项，主要作用是保持去噪后图像与观测图像的相似性，从而保持图像的边缘特征。而正则化参数 λ 用于平衡正则项与数据保真项。

下面给出式（3.1）中正则项离散形式的具体定义。首先假定待处理图像的大小为 $M\times N$，则式（3.1）中梯度算子的离散化形式可定义为

$$(\nabla \boldsymbol{u})_{i,j}=[(\nabla u)^1{}_{i,j},(\nabla u)^2{}_{i,j}]\ i=1,2,\dots,M,\quad j=1,2,\dots,N \tag{3.3}$$

其中，

$$(\nabla u)^1{}_{i,j}=\begin{cases}u_{i+1,j}-u_{i,j} & i<M\\ 0 & i=M\end{cases},\quad (\nabla u)^2{}_{i,j}=\begin{cases}u_{i,j+1}-u_{i,j} & j<N\\ 0 & j=N\end{cases} \tag{3.4}$$

则正则项的离散形式可具体定义为

$$\|\nabla \boldsymbol{u}\|_1=\sum_{i,j}\left|(\nabla \boldsymbol{u})_{i,j}\right| \tag{3.5}$$

其中，

$$\left|(\nabla \boldsymbol{u})_{i,j}\right| = \sqrt{[(\nabla u)^1{}_{i,j}]^2 + [(\nabla u)^2{}_{i,j}]^2} \tag{3.6}$$

3.2.2 ROF 原始对偶模型

考虑到对于 ROF 模型的求解，如果采用经典的梯度下降算法，需要通过欧拉-拉格朗日方程计算一个不可微函数（变分正则项）的导数这一问题，这里基于对偶理论提出一种与 ROF 模型等价的 ROF 原始对偶模型，用于替代求解。首先根据定理 3.1 给出 ROF 模型中变分正则项的对偶函数。

定理 3.1 在二维向量空间 Y 中，对于任意的二维变量 $\boldsymbol{p} = (p^1, p^2) \in \boldsymbol{Y}$，$\left|\boldsymbol{p}_{i,j}\right| = \sqrt{(p_{i,j}^1)^2 + (p_{i,j}^2)^2} \leqslant 1$，满足下面特性，

$$\|\nabla \boldsymbol{u}\|_1 = \sup_{p \in Y} < \boldsymbol{p}, \nabla \boldsymbol{u} >_{\boldsymbol{Y}} \tag{3.7}$$

证明：因为

$$\begin{aligned} < \boldsymbol{p}, \nabla \boldsymbol{u} >_{\boldsymbol{Y}} &= \sum_{i,j} [p_{i,j}^1 \cdot (\nabla u)^1{}_{i,j} + p_{i,j}^2 \cdot (\nabla u)^2{}_{i,j}] = \sum_{i,j} \boldsymbol{p}_{i,j} \cdot (\nabla \boldsymbol{u})_{i,j} \\ &= \sum_{i,j} \left|\boldsymbol{p}_{i,j}\right| \cdot \left|(\nabla \boldsymbol{u})_{i,j}\right| \cdot \cos\theta_{i,j} \leqslant \sum_{i,j} \left|(\nabla \boldsymbol{u})_{i,j}\right| \end{aligned} \tag{3.8}$$

式中，$\theta_{i,j}$ 是向量 $\boldsymbol{p}_{i,j}$ 和 $(\nabla \boldsymbol{u})_{i,j}$ 的夹角。

又因为 $\|\nabla \boldsymbol{u}\|_1 = \sum_{i,j} \left|(\nabla \boldsymbol{u})_{i,j}\right|$，所以 $\|\nabla \boldsymbol{u}\|_1 = \sup_{p \in Y} < \boldsymbol{p}, \nabla \boldsymbol{u} >_{\boldsymbol{Y}}$，定理得证。

令 $F(\boldsymbol{u}) = \|\nabla \boldsymbol{u}\|_1$，依据式（3.7）可得出变分正则项的对偶函数 $F_{\boldsymbol{P}}^*(\boldsymbol{p})$ 满足

$$F_{\boldsymbol{P}}^*(\boldsymbol{p}) = \sup_{p \in Y} \{< \boldsymbol{p}, \nabla \boldsymbol{u} >_{Y} - \|\nabla \boldsymbol{u}\|_1\} = \begin{cases} 0 & \boldsymbol{p} \in \boldsymbol{P} \\ +\infty & \boldsymbol{p} \notin \boldsymbol{P} \end{cases} \tag{3.9}$$

式中，$\boldsymbol{P} = \{\boldsymbol{p} \in \boldsymbol{Y} : \|\boldsymbol{p}\|_\infty = \max_{i,j} \left|\boldsymbol{p}_{i,j}\right| \leqslant 1\}$ 表示对偶空间。

下面提出一种与 ROF 模型等价的 ROF 原始对偶模型，即 ROF 模型的原始对偶描述，表示为

$$\min_{u\in BV}\max_{p\in Y}<\boldsymbol{p},\nabla\boldsymbol{u}>_Y+\frac{\lambda}{2}\|\boldsymbol{u}-\boldsymbol{g}\|_2^2-F_P^*(\boldsymbol{p}) \tag{3.10}$$

令式（3.10）中对偶变量 $\boldsymbol{p}$ 固定，对原始变量 $\boldsymbol{u}$ 求导，可得 $\boldsymbol{u}=\boldsymbol{g}-\frac{\nabla^*\boldsymbol{p}}{\lambda}$，并代回到式（3.10）中，可得出 ROF 模型的对偶模型，表示为

$$\max_{P\in Y}<\boldsymbol{g},\nabla^*\boldsymbol{p}>_Y-\frac{\|\nabla^*\boldsymbol{p}\|_2^2}{2\lambda}-F_P^*(\boldsymbol{p}) \tag{3.11}$$

式中，∇^* 表示 ∇ 的伴随算子。

3.3 数值算法

本节提出的是可以替代求解 ROF 模型的自适应原始对偶去噪算法，并通过借鉴鞍点问题的求解，给出了去噪优化的详细流程、算法的收敛性分析和正则化参数的调整策略。

3.3.1 基于预解式的原始对偶算法

具有鞍点结构的优化模型可以描述为

$$\min_{x\in X}\max_{y\in Y}<\boldsymbol{Ax},\boldsymbol{y}>+G(\boldsymbol{x})-F^*(\boldsymbol{y}) \tag{3.12}$$

式中，$\boldsymbol{X}$、$\boldsymbol{Y}$ 表示有限维实向量空间；$<\cdot,\cdot>$ 表示标准的欧式内积；$\boldsymbol{A}$ 表示任意线性算子；G 和 F 表示任意函数；F^* 表示 F 的拓扑对偶。

将优化模型［式（3.12）］中的变量 $\boldsymbol{x}$ 看成原始变量，变量 $\boldsymbol{y}$ 看成对偶变量，则可将鞍点优化问题看成是非线性原始问题和对偶问题的原始对偶描述。其中，原始问题可表示为

$$\min_{x\in X}F(\boldsymbol{Ax})+G(\boldsymbol{x}) \tag{3.13}$$

对偶问题可表示为

$$\max_{y\in Y}-[G^*(-\boldsymbol{A}^*\boldsymbol{y})+F^*(\boldsymbol{y})] \tag{3.14}$$

文献[93]中提出了一种求解鞍点优化模型的基于预解式的原始对偶数值算

法。令式（3.12）中的原始变量 $\boldsymbol{x}$ 固定，对对偶变量 $\boldsymbol{y}$ 求导，可得到变量 $\boldsymbol{y}$ 的预解式

$$\boldsymbol{y}=(\boldsymbol{I}+\partial F^{*})^{-1}(\boldsymbol{y}+\boldsymbol{A}\boldsymbol{x}) \tag{3.15}$$

同理，令对偶变量 $\boldsymbol{y}$ 固定，对原始变量 $\boldsymbol{x}$ 求导，可得到变量 $\boldsymbol{x}$ 的预解式，

$$\boldsymbol{x}=(\boldsymbol{I}+\partial G)^{-1}(\boldsymbol{x}-\boldsymbol{A}\boldsymbol{y}) \tag{3.16}$$

式中，∂F^{*} 和 ∂G 分别对应函数 F^{*} 和 G 的梯度。

定义参数 L，满足

$$L=\|\boldsymbol{A}\|=\max\{\|\boldsymbol{A}\boldsymbol{x}\|:\boldsymbol{x}\in X,\|\boldsymbol{x}\|\leqslant 1\} \tag{3.17}$$

则当函数 F^{*} 和 G 中至少有一个为凸函数时，基于预解式的原始对偶算法流程如算法 3.1 所示。

算法 3.1 基于预解式的原始对偶算法

步骤 1 初始化：给定步长参数 $\tau_0,\eta_0>0$，满足 $\tau_0\eta_0L^2\leqslant 1$。令 $(\boldsymbol{x}^0,\boldsymbol{y}^0)\in \boldsymbol{X}\times\boldsymbol{Y}$，$\bar{\boldsymbol{x}}^0=\boldsymbol{x}^0$。

步骤 2 迭代：

$$\begin{cases}\boldsymbol{y}^{n+1}=(\boldsymbol{I}+\eta_n\partial F^{*})^{-1}(\boldsymbol{y}^n+\eta_n\boldsymbol{A}\bar{\boldsymbol{x}}^n)\\ \boldsymbol{x}^{n+1}=(\boldsymbol{I}+\tau_n\partial G)^{-1}(\boldsymbol{x}^n-\tau_n\boldsymbol{A}^{*}\boldsymbol{y}^{n+1})\\ \theta_n=1/\sqrt{1+2\gamma\tau_n},\tau_{n+1}=\theta_n\tau_n,\eta_{n+1}=\eta_n/\theta_n\\ \bar{\boldsymbol{x}}^{n+1}=\boldsymbol{x}^{n+1}+\theta_n(\boldsymbol{x}^{n+1}-\boldsymbol{x}^n)\end{cases} \tag{3.18}$$

步骤 3 计算原始对偶间隔：定义

$$\varsigma(\boldsymbol{x},\boldsymbol{y})=\max_{\boldsymbol{y}'\in\boldsymbol{Y}}<\boldsymbol{y}',\boldsymbol{A}\boldsymbol{x}>-F^{*}(\boldsymbol{y}')+G(\boldsymbol{x})-\min_{\boldsymbol{x}'\in\boldsymbol{X}}<\boldsymbol{y},\boldsymbol{A}\boldsymbol{x}'>-F^{*}(\boldsymbol{y})+G(\boldsymbol{x}') \tag{3.19}$$

当 ς 小于预设阈值时，迭代终止；否则，令 $n=n+1$，转步骤 2。

不难看出，原始对偶间隔 ς 是鞍点模型对应的对偶模型和原始模型的目标函数差值，该差值在鞍点处可达到最小，故通过该指标判别迭代是否终止，可保证算法收敛到最优解。

3.3.2 几种相似算法的关系性分析

下面分析基于预解式的原始对偶算法与外推梯度法和分裂法这两种著名数值

计算方法间的关系。

1. 外推梯度法

首先定义向量 $z=(x,y)^T$ 为原始对偶变量组合，$H(z)=G(x)+F^*(y)$ 为凸函数，$\bar{K}=(-K^*,K):(Y\times X)\rightarrow(X\times Y)$ 为线性映射。则外推梯度法可描述为[94]

$$\begin{cases} z^{n+1}=(I+\tau\partial H)^{-1}(z^n+\tau\bar{K}\bar{z}^n) \\ \bar{z}^{n+1}=(I+\tau\partial H)^{-1}(z^{n+1}+\tau\bar{K}z^{n+1}) \end{cases} \tag{3.20}$$

式中，$\tau<(\sqrt{2}L)^{-1}$ 表示步长，$L=\|\bar{K}\|$。这里原始对偶引导点 $\bar{z}^{n+1}$ 通过当前迭代的外推计算。

不难看出，在固定迭代步长情况下，外推梯度法［式（3.20）］与基于预解式的原始对偶算法［式（3.18）］具有相似性。其中，外推梯度法的计算复杂度为 $O(1/N)$，而基于预解式的原始对偶算法的计算复杂度为 $O(1/N^2)$。可见，基于预解式的原始对偶算法更易于数值实现。

2. 分裂法

根据欧拉-拉格朗日方法，求解一个凸优化问题等效于找到该优化问题梯度算子 T 的零点。通过将算子 T 分裂为两个极大单调算子的和，即令 $T=A+B$，Douglas Rachford 提出了一种求解泛函问题的分裂法[95]，即

$$\begin{cases} w^{n+1}=(I+\tau A)^{-1}(2x^n-w^n)+w^n-x^n \\ x^{n+1}=(I+\tau B)^{-1}(w^{n+1}) \end{cases} \tag{3.21}$$

应用该算法求解鞍点优化的原始问题［式（3.13）］，即令 $A=K*\partial F(K)$，$B=\partial G$，可得

$$\begin{cases} w^{n+1}=\arg\min\limits_{v} F(Kv)+\dfrac{1}{2\tau}\left\|v-(2x^n-w^n)\right\|^2+w^n-x^n \\ x^{n+1}=\arg\min\limits_{v} G(x)+\dfrac{1}{2\tau}\left\|x^n-w^{n+1}\right\|^2 \end{cases} \tag{3.22}$$

基于对偶理论可得

$$w^{n+1}=x^n-\tau K*y^{n+1} \tag{3.23}$$

式中，$y=(Kv)^*$ 是 Kv 的对偶变量，并且

$$y^{n+1}=\arg\min_{y} F^*(\mathrm{y})+\frac{\tau}{2}\left\|K^*y-\frac{2x^n-w^n}{\tau}\right\|^2 \tag{3.24}$$

同理可得

$$x^{n+1} = w^{n+1} - \tau z^{n+1} \tag{3.25}$$

式中，$z = x^*$ 表示 x 的对偶变量，并且

$$z^{n+1} = \arg\min_z G^*(z) + \frac{\tau}{2}\left\| z - \frac{w^{n+1}}{\tau} \right\|^2 \tag{3.26}$$

不难看出，当线性算子 $K = I$ 时，分裂法等效于基于预解式的原始对偶算法。

3.3.3 自适应原始对偶去噪算法的描述

研究发现，如将鞍点优化的原始模型［式（3.13）］与ROF模型［式（3.1）］建立对应关系，即 $F(\boldsymbol{Ax})$ 对应变分正则项，$G(\boldsymbol{x})$ 对应数据保真项，则本章提出的ROF原始对偶模型［式（3.10）］与鞍点结构优化模型［式（3.12）］形式相近，可建立对应关系，即令 $\boldsymbol{A} = \nabla$，$G(\boldsymbol{u}) = \frac{\lambda}{2}\|\boldsymbol{u} - \boldsymbol{g}\|_2^2$，$F^*(\boldsymbol{p}) = F_{\boldsymbol{P}}^*(\boldsymbol{p})$。

考虑到提出的ROF原始对偶模型与鞍点优化模型具有结构相似性，并且ROF原始对偶模型中的梯度算子为线性算子，数据保真项 $G(\boldsymbol{u}) = \frac{\lambda}{2}\|\boldsymbol{u} - \boldsymbol{g}\|_2^2$ 为凸函数，满足基于预解式的原始对偶去噪算法的前提条件，故可采用该算法实现图像去噪的优化过程。

在数值计算实现中，需要确定预解算子 $(\boldsymbol{I} + \sigma\partial F^*)^{-1}$ 和 $(\boldsymbol{I} + \tau\partial G)^{-1}$。因为 $F^*(\boldsymbol{p}) = F_{\boldsymbol{P}}^*(\boldsymbol{p})$，$G(\boldsymbol{u}) = \frac{\lambda}{2}\|\boldsymbol{u} - \boldsymbol{g}\|_2^2$，所以对偶变量

$$\boldsymbol{p} = (\boldsymbol{I} + \sigma\partial F^*)^{-1}(\tilde{\boldsymbol{p}}) \Leftrightarrow \boldsymbol{p}_{i,j} = \frac{\tilde{\boldsymbol{p}}_{i,j}}{\max(1, |\tilde{\boldsymbol{p}}_{i,j}|)} \tag{3.27}$$

原始变量

$$\boldsymbol{u} = (\boldsymbol{I} + \tau\partial G)^{-1}(\tilde{\boldsymbol{u}}) \Leftrightarrow u_{i,j} = \frac{\tilde{\boldsymbol{u}}_{i,j} + \tau\lambda g_{i,j}}{1 + \tau\lambda} \tag{3.28}$$

其中，$\tilde{\boldsymbol{p}} = \boldsymbol{p} + \eta\nabla\bar{\boldsymbol{u}}$，$\tilde{\boldsymbol{u}} = \boldsymbol{u} - \tau\nabla^*\boldsymbol{p}$。

不难看出，基于预解式的原始对偶去噪算法较一些经典的ROF模型求解算法能有效降低计算复杂度。因为诸如欧拉-拉格朗日法、投影法等数值算法均需作散

度和梯度的复合运算 $\nabla[div(\cdot)]$，而基于预解式的原始对偶去噪算法只需作单一的梯度运算 $\nabla(\cdot)$，且在优化过程中实现了自适应变步长迭代，有效弥补了一些传统数值算法为了保证收敛性，需要满足 CFL 条件，对步长要求过高的缺陷。算法 3.2 给出了基于预解式的原始对偶去噪算法流程，该算法可用于替代求解 ROF 模型。

算法 3.2 基于预解式的原始对偶去噪算法

步骤 1 初始化：给定初始步长 $\tau_0,\sigma_0>0$，且满足 $\tau_0\sigma_0 L^2 \leqslant 1$。令 $(\boldsymbol{u}^0,\boldsymbol{p}^0)\in \boldsymbol{X}\times\boldsymbol{Y}$，$\overline{\boldsymbol{u}}^0=\boldsymbol{u}^0$。

步骤 2 迭代：

$$\begin{cases}\boldsymbol{p}^{n+1}=(\boldsymbol{p}^n+\sigma_n\nabla\overline{\boldsymbol{u}}^n)/\max(1,\left|\boldsymbol{p}^n+\sigma_n\nabla\overline{\boldsymbol{u}}^n\right|)\\ \boldsymbol{u}^{n+1}=(\boldsymbol{u}^n-\tau_n\nabla^*\boldsymbol{p}^{n+1}+\tau_n\lambda\boldsymbol{g})/(1+\tau_n\lambda)\\ \theta_n=1/\sqrt{1+2\gamma\tau_n},\tau_{n+1}=\theta_n\tau_n,\sigma_{n+1}=\sigma_n/\theta_n\\ \overline{\boldsymbol{u}}^{n+1}=\boldsymbol{u}^{n+1}+\theta_n(\boldsymbol{u}^{n+1}-\boldsymbol{u}^n)\end{cases} \tag{3.29}$$

步骤 3 计算原始对偶间隔：定义

$$\varsigma(\boldsymbol{u},\boldsymbol{p})=\max_{\boldsymbol{p}'\in\boldsymbol{Y}}<\boldsymbol{p}',\boldsymbol{A}\boldsymbol{u}>-F^*(\boldsymbol{p}')+G(\boldsymbol{u})-\min_{\boldsymbol{u}'\in\boldsymbol{X}}<\boldsymbol{p},\boldsymbol{A}\boldsymbol{u}'>-F^*(\boldsymbol{p})+G(\boldsymbol{u}') \tag{3.30}$$

当 ς 小于预设阈值时，迭代终止；否则，令 $n=n+1$，转步骤 2。

3.3.4 收敛性分析

下面分析算法 3.2 的收敛性问题。文献[41]中已证明了用于求解鞍点优化模型的算法 3.1 在满足式（3.17）中关于参数 L 的定义时，能有效收敛于鞍点。这里针对 ROF 模型的求解问题，需确定参数 L（线性梯度算子 ∇ 的范数）的取值范围，以保证算法 3.2 的收敛性。首先给出用于描述图像灰度变化的散度的定义。

定义 3.1 对于任意的二维变量 $\boldsymbol{p}=(\boldsymbol{p}^1,\boldsymbol{p}^2)\in\boldsymbol{Y}$，$\left|\boldsymbol{p}_{i,j}\right|=\sqrt{(p_{i,j}^1)^2+(p_{i,j}^2)^2}\leqslant 1$，$\boldsymbol{Y}$ 表示有限维向量空间，散度的离散形式可定义为

$$(\mathrm{div}\boldsymbol{p})_{i,j}=\begin{cases}p_{i,j}^1-p_{i-1,j}^1 & 1<i<M\\ p_{i,j}^1 & i=1\\ -p_{i-1,j}^1 & i=M\end{cases}+\begin{cases}p_{i,j}^2-p_{i,j-1}^2 & 1<j<N\\ p_{i,j}^2 & j=1\\ -p_{i,j-1}^2 & j=N\end{cases} \tag{3.31}$$

因为

$$
\begin{aligned}
\|\mathrm{div}(\boldsymbol{p})\|^2 = \sum_{i,j}(p_{i,j}^1 - p_{i-1,j}^1 + p_{i,j}^2 - p_{i,j-1}^2)^2 \leqslant \\
4\sum_{i,j}[(p_{i,j}^1)^2 + (p_{i-1,j}^1)^2 + (p_{i,j}^2)^2 + (p_{i,j-1}^2)^2] \leqslant 8\|\boldsymbol{p}\|_Y^2 \leqslant 8
\end{aligned}
\tag{3.32}
$$

所以

$$L = \|\nabla\| = \max\|\nabla p\| = \max\|div(p)\| \leqslant \sqrt{8} \tag{3.33}$$

即当参数 $L \leqslant \sqrt{8}$ 时，本章提出的基于预解式的原始对偶去噪算法能有效收敛。

3.3.5 参数选择

在变分图像去噪方法中，正则化参数 λ 的选取直接影响噪声的滤除情况和图像细节特征的保护能力。下面讨论算法 3.2 中正则化参数 λ 的选取问题。考虑到 ROF 模型数据保真项的结构特征，根据 Morozov 偏差原理在算法的每次迭代中自适应调整正则化参数，以保证模型寻优过程不偏离设定的偏差上界，最终达到保护图像原始特征的目的。设定 Morozov 偏差原理中的有界线性紧算子为单位矩阵，定义模型寻优的可行域

$$D = \{\boldsymbol{u} : \|\boldsymbol{u} - \boldsymbol{g}\|_2^2 \leqslant c^2\} \tag{3.34}$$

其中，$c^2 = \rho MN\sigma^2$，$\rho \in (0,1]$ 为预设参数（默认值为 $\rho = 1$）。
式中，$M \times N$ 表示图像大小，σ^2 表示噪声方差。

如果 σ^2 未知，可以采用中值规则估计[96]。通过限制 $\boldsymbol{u}$ 始终在可行域内调整，可以保证去噪结果不偏离观测图像的结构特性。

下面分析正则化参数自适应调整过程中解的唯一性问题。定义寻优偏差变量为 $\boldsymbol{e}$，则根据式（3.28）可得

$$\boldsymbol{e}_{n+1} = \boldsymbol{u}^{n+1} - \boldsymbol{g} = \frac{\boldsymbol{u}^n - \tau_n \nabla^* \boldsymbol{p}^{n+1} - \boldsymbol{g}}{1 + \tau_n \lambda_{n+1}} \tag{3.35}$$

定理 3.2 定义函数 $\kappa(\lambda, \boldsymbol{u}) = \|\boldsymbol{e}\|_2^2$，则 $\kappa(\lambda, \boldsymbol{u})$ 是一个关于正则化参数 λ 严格单调递减的凸函数，并且

$$\kappa(\lambda_{n+1}, \boldsymbol{u}_n) = c^2 \tag{3.36}$$

有唯一解。

证明： 函数 $\kappa(\lambda,\boldsymbol{u})$ 关于 λ 的一阶导数为

$$\frac{\partial \kappa(\lambda,\boldsymbol{u})}{\partial \lambda} = \frac{-2\tau(\tilde{\boldsymbol{u}}-\boldsymbol{g})^2}{(1+\tau\lambda)^3} \leqslant 0 \tag{3.37}$$

函数 $\kappa(\lambda,\boldsymbol{u})$ 关于 λ 的二阶导数为

$$\frac{\partial^2 \kappa(\lambda,\boldsymbol{u})}{\partial \lambda^2} = \frac{6\tau^2(\tilde{\boldsymbol{u}}-\boldsymbol{g})^2}{(1+\tau\lambda)^4} \geqslant 0 \tag{3.38}$$

可见，函数 $\kappa(\lambda,\boldsymbol{u})$ 关于正则化参数 λ 单调递减，并且是关于 λ 的严格正定凸函数，所以公式 $\kappa(\lambda_{n+1},\boldsymbol{u}_n) = c^2$ 有唯一解，定理得证。

通过上述对 ROF 模型的等价变换，以及对寻优可行域的限制，提出一种求解 ROF 模型的自适应原始对偶去噪算法，即算法 3.3。

算法 3.3 自适应原始对偶去噪算法

步骤 1 初始化：给定步长参数 $\tau_0,\eta_0 > 0$，满足 $\tau_0\eta_0 L^2 \leqslant 1$。令 $(\boldsymbol{u}^0, \boldsymbol{p}^0) \in \boldsymbol{X}\times\boldsymbol{Y}$，$\overline{\boldsymbol{u}}^0 = \boldsymbol{u}^0$。

步骤 2 迭代：

$$\begin{cases}
\boldsymbol{p}^{n+1} = (\boldsymbol{I} + \eta_n \partial F^*)^{-1}(\boldsymbol{p}^n + \eta_n \nabla \overline{\boldsymbol{u}}^n) \\
\text{if } \tilde{\boldsymbol{u}} \in D,\ \lambda_{k+1} = 0 \\
\quad \text{elsesolve } \kappa(\lambda_{n+1}, \boldsymbol{u}_n) = c^2 \\
\boldsymbol{u}^{n+1} = (\boldsymbol{I} + \tau_n \partial G)^{-1}(\boldsymbol{u}^n - \tau_n \nabla^* \boldsymbol{p}^{n+1}) \\
\theta_n = 1/\sqrt{1+2\gamma\tau_n}, \tau_{n+1} = \theta_n\tau_n, \eta_{n+1} = \eta_n/\theta_n \\
\overline{\boldsymbol{u}}^{n+1} = \boldsymbol{u}^{n+1} + \theta_n(\boldsymbol{u}^{n+1} - \boldsymbol{u}^n)
\end{cases} \tag{3.39}$$

步骤 3 终止条件：计算原始问题与对偶问题的差值

$$\varsigma(\boldsymbol{u},\boldsymbol{p}) = \max_{\boldsymbol{p}'\in \boldsymbol{Y}} < \boldsymbol{p}', \boldsymbol{A}\boldsymbol{u} > -F^*(\boldsymbol{p}') + G(\boldsymbol{u}) - \min_{\boldsymbol{u}'\in \boldsymbol{X}} < \boldsymbol{p}, \boldsymbol{A}\boldsymbol{u}' > -F^*(\boldsymbol{p}) + G(\boldsymbol{u}') \tag{3.40}$$

当 ς 小于预设的阈值时，迭代终止；否则，令 $n = n+1$，转步骤 2。

3.4 数值实验与分析

提出的 ROF 模型求解算法中，需要计算线性梯度算子∇的伴随算子∇^*，根据线性代数理论，当作用于任意向量时，∇^*等效于∇的转置。为了简化算法的数值实现，可以将图像进行向量化处理。实验中通过逐行扫描的方式，将图像矩阵转换为列向量，这样对于$M \times N$的图像，图像矩阵的位置(i, j)对应列向量中的位置$(i-1) \times N + j$。

因 ROF 模型的建模限定于高斯噪声的滤除，这里分别选取加入特定强度高斯噪声的“Lena”“Cameraman”“Boat”和“Hill”图像作为测试图像，原始图像如图 3.1 所示，图像大小均为 512px×512px。

（a）Lena

（b）Cameraman

（c）Boat

（d）Hill

图 3.1 原始图像

下面将分析比较数值算法和正则化参数自适应调整策略的有效性和优越性。实验参数设定如下：参数 $L=\sqrt{8}$，初始步长 $\eta_0=\tau_0=1/L$。寻优可行域设定中，令预设参数 $\rho=1$。为了确保数据保真项 $G(\boldsymbol{u})$ 的一致凸特性，令参数 $\gamma=w\cdot\lambda$，其中，$w\in(0,1]$，本章取 $w=0.35$。

3.4.1 算法性能的分析与比较

首先分析验证提出算法的收敛性。理论上讲，该算法的寻优终止条件是原始对偶间隔 $\varsigma(\boldsymbol{u},\boldsymbol{p})$ 等于 0，此时算法能收敛到鞍点，即达到最优解。分别给测试图像加入均值为 0，方差为 40 的高斯白噪声。如图 3.2 所示，通过测试跟踪寻优去噪过程中原始对偶间隔随迭代次数的变化情况来分析算法的有效性和收敛性。

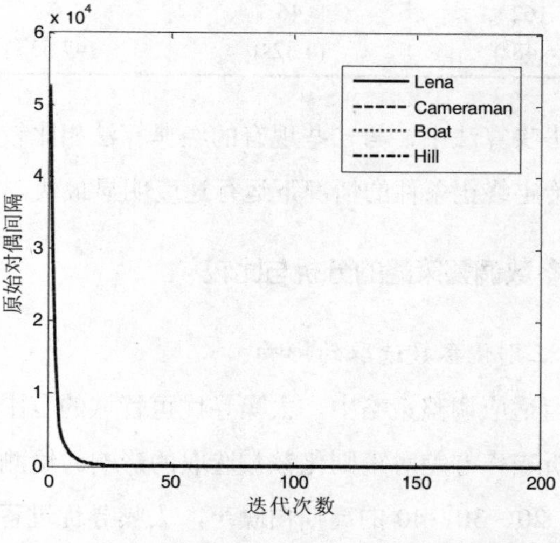

图 3.2 原始对偶间隔随迭代次数的变化曲线

可见，自适应原始对偶去噪算法能使 ROF 模型［式（3.1）］和其对偶模型［式（3.11）］的差值在有限迭代次数内快速近似趋近于零，有效保证了算法能收敛到鞍点，即达到最优解。

下面将分析验证自适应原始对偶去噪算法在变分去噪算法中的快速性优势，这里将其与 Chambolle 的投影算法[89]、Beck 的快速阈值收缩迭代算法[90]，和 Bioucas 的优化最小化（Majorization-Minimization）算法[49]等经典变分算法进行比较。令 $\lambda=8$，当以解的均方根误差 $\varepsilon \leqslant 10^{-4}$ 为终止条件时，几种算法的迭代次数和 CPU 运算时间的比较见表 3.1。

表 3.1 迭代次数和 CPU 时间的比较

图像	Chambolle 的投影算法	Beck 的快速阈值收缩迭代算法	Bioucas 的优化最小化算法	本章算法
Lena	161 (6.49s)	78 (7.41s)	66 (49.94s)	41 (2.12s)
Cameraman	196 (7.85s)	63 (5.98s)	60 (46.03s)	44 (2.02s)
Boat	164 (6.58s)	42 (4.06s)	54 (44.70 s)	41 (1.92s)
Hill	162 (6.48s)	46 (4.32s)	64 (47.53 s)	41 (2.25s)

可见，在变分去噪算法中，与一些现有的经典算法相比较，本章提出的自适应原始对偶算法在给定终止条件的情况下运行速度明显最快。

3.4.2 正则化参数调整策略的分析与比较

1. 噪声方差对正则化参数选取的影响

在正则化参数自适应调整策略中，去噪寻优可行域的范围受图像噪声强度的影响，所以这里分析噪声方差对正则化参数选取的影响。给测试图像加入均值为 0，方差分别为 10、20、30、40 的高斯白噪声，去噪寻优过程中正则化参数 λ 的自适应选取情况如图 3.3 所示。不难看出 λ 能在有限迭代次数内很快达到稳定状态，但随着图像噪声强度的增大，λ 的稳态值呈减小趋势，即噪声强度较大时，侧重于变分正则项的调整，以加强图像平滑的作用。

2. 正则化参数对去噪效果的影响

正则化参数用于平衡变分模型的噪声抑制能力和对图像特征的保护能力。下面将分析正则化参数选取对去噪效果的影响。将“Lena”和“Boat”两幅测试图像分别加入均值为 0，方差为 40 的高斯白噪声时，基于 Morozov 偏差原理设定可行域，去噪寻优过程中正则化参数的自适应调整情况如图 3.4 所示。通过图 3.5 和图 3.6 所示正则化参数在自适应调整稳态值的左邻域和右邻域取不同值时的去噪效果，可以分析其在 ROF 模型中的作用。实验结果表明，基于 Morozov 偏差原理自适应选取正则化参数 λ 时去噪效果最好，在去除噪声的同时能保留更多的图像细节信息。而当 λ 的取值小于稳态值时，去噪效果出现过平滑现象；当 λ 的取值大于稳态值时，噪声不能有效滤除。同时因为 ROF 模型建立在 BV 空间，而 BV 空间的函数具有分段平滑特性，所以无论 λ 如何取值，去噪效果均具有不同程度的分段平滑现象。

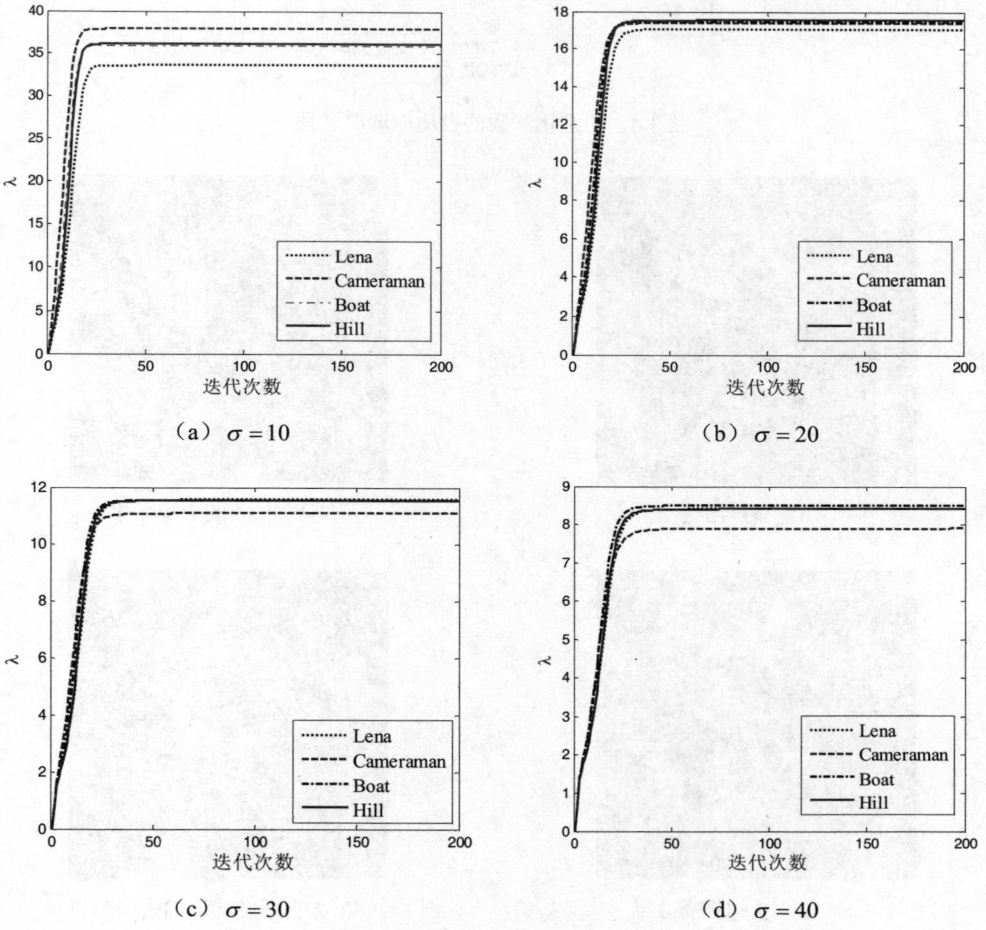

（a） $\sigma=10$　（b） $\sigma=20$

（c） $\sigma=30$　（d） $\sigma=40$

图 3.3　不同噪声方差下正则化参数的自适应选取过程

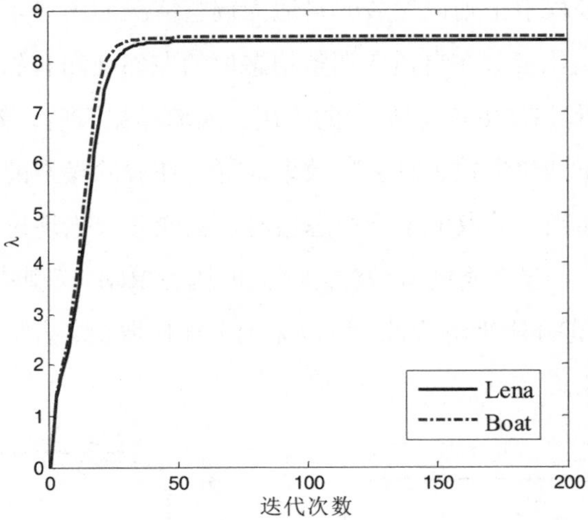

图 3.4 正则化参数的自适应选取过程

（a）噪声图像

（b）$\lambda=6$ 的去噪效果

（c）$\lambda=10$ 的去噪效果

（d）λ 自适应选取的去噪效果

图 3.5 “Lena”图像去噪效果比较

（a）噪声图像

（b）$\lambda=6$ 的去噪效果

（c）$\lambda=10$ 的去噪效果

（d）λ 自适应选取的去噪效果

图 3.6 “Boat”图像去噪效果比较

3. 正则化参数选取策略的比较

为了验证提出的正则化参数选取策略的有效性，比较了几种典型正则化参数选取策略作用下 ROF 模型的去噪图像峰值信噪比（*PSNR*），见表 3.2。其中，峰值信噪比是为了衡量图像去噪效果采用的量化指标，定义为

$$PSNR = 10\lg \frac{\max\limits_{\substack{1\leqslant i\leqslant M\\ 1\leqslant j\leqslant N}} \left|(u_0)_{i,j}\right|^2}{\frac{1}{MN}\sum_{i=1}^{M}\sum_{j=1}^{N}[(u_0)_{i,j}-u_{i,j}]^2} \tag{3.41}$$

式中，$\boldsymbol{u}_0$ 表示原始图像，$\boldsymbol{u}$ 表示去噪后图像。

表 3.2 几种典型正则化参数选取策略作用下 ROF 模型去噪图像 *PSNR* 的比较

图像	方差	文献[49]	文献[88]	文献[97]	本章方法
Lena	10	24.6143	30.6646	29.7228	33.7449
	20	26.3304	30.1811	30.4455	30.6341
	30	27.0674	28.7183	28.1262	28.7600
	40	27.2005	25.3776	25.1568	27.4687
Cameraman	10	21.0293	28.0949	26.0411	32.4576
	20	22.4692	27.7111	26.6728	28.6207
	30	23.1277	26.4955	26.3376	26.5717
	40	23.2718	24.0815	24.3049	24.7317
Boat	10	22.9257	28.6083	27.7695	32.3176
	20	24.3199	28.4199	28.4533	29.1538
	30	25.0284	27.3522	27.2350	27.3578
	40	25.2486	24.8157	24.8370	26.0735
Hill	10	23.8126	28.3349	28.3112	31.7201
	20	25.1288	28.1475	28.6432	28.8181
	30	25.7098	27.1639	26.7319	27.2376
	40	25.6906	24.5939	24.3102	26.1510

表 3.2 中数据为迭代次数 $n=200$ 时的去噪图像峰值信噪比。引用的几种正则化参数选取方法中，文献[49]假定正则化参数满足 Jeffey 分布，利用统计方法估计选取；文献[88]采用局部方差估计方法选取正则化参数；文献[97]中基于平衡原理采用一种无需噪声先验知识的方法选取正则化参数。由实验数据可知，本章提出的基于 Morozov 偏差原理的正则化参数估计方法，在处理不同内容和不同噪声强度的图像时，去噪量化指标均优于其他几种典型方法。

3.5 本章小结

本章基于对偶理论等价变换 ROF 模型，提出了一种 ROF 原始对偶去噪模型，该模型与具有鞍点结构的优化模型形式相似，可建立对应关系。据此，ROF 模型的数值计算可采用一种基于预解式的原始对偶数值算法实现，该算法计算量小，采用自适应变步长迭代，弥补了一些传统数值算法对步长要求过高的缺陷。在ROF模型的参数选取方面，本章提出的正则化参数选取策略基于Morozov偏差原理限制了图像去噪寻优过程的可行域，作为正则化参数自适应选取的依据，从而能在滤除噪声的同时更有效保护图像的结构特性。实验结果表明，本章提出的ROF模型数值计算方法和正则化参数选取策略均优于一些现有的典型方法。

第4章 基于分数阶变分理论的加性噪声去除算法

4.1 引言

在图像去噪问题中，加性噪声污染情况下，降质后的观测图像 $\boldsymbol{g}$ 与原始图像 $\boldsymbol{u}$ 之间满足

$$\boldsymbol{g}=\boldsymbol{u}+\boldsymbol{n} \tag{4.1}$$

式中，$\boldsymbol{n}$ 表示噪声。

可见图像去噪可以理解为一个估计问题，即通过给定的观测图像 $\boldsymbol{g}$ 估计原始图像 $\boldsymbol{u}$。

目前，已有很多模型和算法用于图像加性噪声的去除，如小波变换[98]、偏微分方程[99]、傅里叶变换[100]、变分法[101]等。其中，变分方法凭借其严格的数学分析，和较好的图像边缘保护能力，成为目前的研究热点之一。然而变分法采用的函数空间具有分段平滑特性，去噪后易产生"阶梯效应"现象，在滤除噪声的同时会遗失部分图像细节信息。

针对上述问题，一些专家学者提出了许多解决方法，其中研究较多的是高阶偏微分方程方法，特别是 Lysaker 等人提出的基于四阶偏微分方程的 LLT 模型：

$$\min_{\boldsymbol{u}\in W^{2,1}(\Omega)\cap L^2(\Omega)}\left\{\int_\Omega\left|\nabla^2\boldsymbol{u}\right|\mathrm{d}x+\frac{\lambda}{2}\int_\Omega(\boldsymbol{u}-\boldsymbol{u}_0)^2\mathrm{d}x\right\} \tag{4.2}$$

其中，$\left|\nabla^2\boldsymbol{u}\right|=\sqrt{\left|\boldsymbol{u}_{xx}\right|^2+\left|\boldsymbol{u}_{xy}\right|^2+\left|\boldsymbol{u}_{yx}\right|^2+\left|\boldsymbol{u}_{yy}\right|^2}$。

式中，$W^{2,1}(\Omega)$ 表示 Sobolev 空间。

与传统的 ROF 模型相比，该模型通过引入二阶正则项，有效抑制了"阶梯效应"现象，但去噪效果一般，会残留大量噪声。近年来一些学者考虑到分数阶微

分能引入更多图像邻域像素信息的优势，通过将分数阶微分理论引入到变分去噪中来解决这一衍生问题。例如，Zhang 和 Wei 等人提出了一种分数阶多尺度去噪模型，并采用 Chambolle 的投影算法求解模型。Zhang 和 Pu 等人提出了一种分数阶变分修复模型，并采用梯度下降算法求解模型。此外，Chen 和 Sun 等人提出了一种分数阶 TV-L_2 去噪模型，并采用 Bioucas 的 MM（Majorization-Minimization）算法将模型分解为一组线性优化问题，从而采用共轭梯度算法求解。上述文献均说明了分数阶调整能缓解“阶梯效应”现象，从而保护更多的图像细节特征。

目前有很多数值算法用于求解变分去噪问题，然而均在不同程度上具有运行速度慢、计算复杂度高和欠缺正则化参数选择知识的缺点。研究发现，通过给出分数阶变分模型的原始对偶描述，可采用一种求解鞍点优化问题的原始对偶算法实现数值计算。针对该算法中涉及的参数，结合分数阶微分算子的性质，书中给出了其取值范围，以保证算法的收敛性。为了平衡模型的边缘保护能力和去噪保真度，该算法基于Morozov偏差原理自适应调整正则化参数，确保了去噪后图像满足特定限制条件。实验结果表明，分数阶变分模型能有效缓解“阶梯效应”现象，保护更多的图像细节特征，改善图像视觉效果。同时，本章提出的分数阶原始对偶去噪算法能有效收敛，且收敛速度较快。

4.2 分数阶微积分的定义

分数阶微积分理论作为整数阶微积分理论的拓展，已经成功应用于数字图像处理领域。但长期以来，并没有统一的分数阶微积分定义。目前比较著名并广泛应用于图像处理领域的定义有 Grünwald-Letnikov（G-L）定义、Riemann-Liouville（R-L）定义、Caputo 定义和 Fourier 变换域定义等，下面对其分别进行介绍[102]。

4.2.1 Grünwald-Letnikov 分数阶微积分

Grünwald 和 Letnikov 将整数阶微积分的定义拓展到非整实数阶，给出了一种分数阶微分的定义形式。

首先回顾传统的整数阶微分的定义：对于任意实函数 $f(x)$，一阶微分的定义为

$$\frac{\mathrm{d}}{\mathrm{d}x}f(x)=\lim_{h\to 0}\frac{1}{h}[f(x)-f(x-h)] \tag{4.3}$$

在此基础上，可以推导出函数的二阶微分定义

$$\frac{\mathrm{d}^2}{\mathrm{d}x^2}f(x)=\lim_{h\to 0}\frac{1}{h^2}[f(x)-2f(x-h)+f(x-2h)] \tag{4.4}$$

依据上述方法反复迭代，可得出函数的 n 阶微分定义

$$\frac{\mathrm{d}^n}{\mathrm{d}x^n}f(x)=\lim_{h\to 0}\frac{1}{h^n}\sum_{j=1}^{n}(-1)^j\begin{pmatrix}n\\j\end{pmatrix}f(x-jh) \tag{4.5}$$

其中，

$$\begin{pmatrix}n\\j\end{pmatrix}=\frac{n!}{j!(n-j)!} \tag{4.6}$$

直接拓展函数的 n 阶微分定义，则对于非整实数 α 而言，Grünwald- Letnikov 的分数阶微分定义可描述为

$${}_{x_0}^{GL}D_x^{\alpha}f(\mathrm{x})=\lim_{h\to 0}\frac{1}{h^{\alpha}}\sum_{j=0}^{\lceil (x-x_0)/h\rceil}(-1)^j\begin{pmatrix}\alpha\\j\end{pmatrix}f(x-jh) \tag{4.7}$$

其中，

$$\begin{pmatrix}\alpha\\j\end{pmatrix}=\frac{\Gamma(\alpha+1)}{\Gamma(j+1)\Gamma(\alpha-j+1)} \tag{4.8}$$

式中，$\Gamma(x)=\int_0^{\infty}e^{-t}t^{x-1}\mathrm{d}t$ 表示 Gamma 函数。

从定义不难看出，整数阶微分是依据当前点和前面有限的几个点的函数值来计算的，而分数阶微分是依据当前点和前面无穷多个点来计算的，所以分数阶微分具有记忆特性。

4.2.2 Riemann-Liouville 分数阶微积分

与 Grünwald-Letnikov 分数阶微积分定义相反，Riemann-Liouville 定义是从积分角度出发的。

首先回顾整数阶积分的定义：对于任意实函数 $f(x)$，一阶积分可定义为

$$\frac{\mathrm{d}^{-1}}{\mathrm{d}x^{-1}}f(x)=\int_{x_0}^{x}f(\tau)\mathrm{d}\tau \tag{4.9}$$

在此基础上，可以推导出函数的二阶积分定义

$$\frac{\mathrm{d}^{-2}}{\mathrm{d}x^{-2}}f(x)=\int_{x_0}^{x}\int_{x_0}^{x}f(\tau)\mathrm{d}\tau\mathrm{d}x=\int_{x_0}^{x}f(\tau)(x-\tau)\mathrm{d}\tau \tag{4.10}$$

以此类推，可得出函数的 n 阶积分定义

$$\frac{\mathrm{d}^{-n}}{\mathrm{d}x^{-n}}f(x)=\frac{1}{(n-1)!}\int_{x_0}^{x}f(\tau)(x-\tau)^{n-1}\mathrm{d}\tau \tag{4.11}$$

将函数的 n 阶积分定义直接拓展，则对于非整实数 α 而言，Riemann-Liouville 分数阶积分定义可描述为

$$ {}_{x_0}^{RL}D_x^{-\alpha}f(x)=\frac{1}{\Gamma(\alpha)}\int_{x_0}^{x}f(\tau)(x-\tau)^{\alpha-1}\mathrm{d}\tau \tag{4.12}$$

其中，$0<\alpha<1$。

当分数阶次 $n-1<\beta\leqslant n$ 时，记 $n=\lceil\beta\rceil$（$\lceil\cdot\rceil$ 表示取整运算），Riemann-Liouville 分数阶积分定义可描述为

$$ {}_{x_0}^{RL}D_x^{\beta}f(x)=\frac{1}{\Gamma(n-\beta)}\frac{\mathrm{d}^n}{\mathrm{d}x^n}\int_{x_0}^{x}f(\tau)(x-\tau)^{-1-\beta+n}\mathrm{d}\tau \tag{4.13}$$

4.2.3 Caputo 分数阶微积分

G-L 定义和 R-L 定义都没有充分考虑函数的初值问题，所以有时在对实际问题建模时应该采用另一个考虑初值的微积分定义——Caputo 分数阶微分定义。该定义可表示为

$$ {}_{x_0}^{C}D_x^{\alpha}f(t)=\frac{1}{\Gamma(1-\alpha)}\int_{x_0}^{x}f^{(m+1)}(\tau)(x-\tau)^{-\gamma}\mathrm{d}\tau \tag{4.14}$$

其中，$\alpha=m+\gamma$，m 为整数，$0<\gamma\leqslant 1$。

类似地，Caputo 分数阶积分定义与 R-L 定义完全一致，即

$$ {}_{x_0}^{C}D_x^{-\gamma}f(t)=\frac{1}{\Gamma(\gamma)}\int_{x_0}^{x}f(\tau)(x-\tau)^{\gamma-1}\mathrm{d}\tau \tag{4.15}$$

Caputo 分数阶微分定义和 R-L 分数阶微分定义不同之处在于求导的顺序不一致。在 R-L 分数阶微分定义中是先求分数阶积分然后再求整数阶导数。而 Caputo 分数阶微分定义则是先求整数阶导数，然后再求分数阶积分。较 G-L 定义和 R-L 定义，Caputo 定义更适用于分数阶微分方程初值问题的描述。

4.2.4 Fourier 变换域的分数阶微积分

Fourier 变换域（频域）的分数阶微积分定义[103]比前几种定义形式相对简单，经离散化处理后可采用快速离散 Fourier 变换方法计算。对于任意的一维实函数 $f(x)$，其 Fourier 变换和反 Fourier 变换可定义为

$$F(w)=\int_R f(x)\cdot e^{-j2\pi wx}\mathrm{d}x \tag{4.16}$$

$$f(x)=\int_R F(w)\cdot e^{j2\pi wx}\mathrm{d}w \tag{4.17}$$

函数 $f(x)$ 的整数阶导数在频域的等价形式可基于其 Fouier 变换来定义，表示为

$$D^n f(x)=\int_R (j2\pi w)^n F(w)\cdot e^{j2\pi wx}\mathrm{d}w \tag{4.18}$$

这种整数阶导数在频域的定义形式可推广到分数阶情况，则分数阶导数在频域（Fourier 变换域）可定义为

$$D^\alpha f(x)=\int_R (j2\pi w)^\alpha F(w)\cdot e^{j2\pi wx}\mathrm{d}w \tag{4.19}$$

分数阶导数的 Fourier 变换可定义为

$$D^\alpha f=(j2\pi w)^\alpha \hat{f} \tag{4.20}$$

式中，$\hat{f}=F(w)$ 表示函数 f 的 Fourier 变换。

可见，微分运算的作用实际上是一个频域中的滤波器，即

$$H(w)=(j2\pi w)^\alpha \tag{4.21}$$

对于给定的一维信号 f，先对其进行 Fourier 变换，然后再与滤波器 $H(w)$ 相乘，得到 $D^\alpha f$ 的频域形式，最后进行反 Fourier 变换，就可得到 $D^\alpha f$。

同理，可在频域定义二维函数的分数阶导数，对于任意的二维实函数 $f(x,y)$，其 Fourier 变换可定义为

$$F(w_1, w_2) = \int_{R^2} f(x,y) \cdot e^{-j2\pi(w_1 x + w_2 y)} \mathrm{d}x\mathrm{d}y \tag{4.22}$$

则分数阶偏导数可定义为

$$\begin{cases} D_x^\alpha f \leftrightarrow (j2\pi w_1)^\alpha F(w_1, w_2) \\ D_y^\alpha f \leftrightarrow (j2\pi w_2)^\alpha F(w_1, w_2) \end{cases} \tag{4.23}$$

式中，“$\leftrightarrow$”表示 Fourier 变换对。

4.3 分数阶去噪模型的提出

首先利用 G-L 定义构造分数阶微分算子，用于变分去噪模型的扩展。对于有限维向量空间 X 中的任意二维图像 $\boldsymbol{u}$，假定图像大小为 $M \times N$，则其分数阶微分的离散形式可定义为

$$(\nabla^\alpha \boldsymbol{u})_{i,j} = [(\Delta_1^\alpha \boldsymbol{u})_{i,j}, (\Delta_2^\alpha \boldsymbol{u})_{i,j}] \quad i = 1, 2, \ldots, M, \quad j = 1, 2, \ldots, N \tag{4.24}$$

其中，

$$\begin{cases} (\Delta_1^\alpha \boldsymbol{u})_{i,j} = \sum_{k=0}^{K-1} (-1)^k C_k^\alpha \boldsymbol{u}_{i-k,j} \\ (\Delta_2^\alpha \boldsymbol{u})_{i,j} = \sum_{k=0}^{K-1} (-1)^k C_k^\alpha \boldsymbol{u}_{i,j-k} \end{cases} \tag{4.25}$$

式中，$K \geqslant 3$ 为整常数；$C_k^\alpha = \dfrac{\Gamma(\alpha+1)}{\Gamma(k+1)\Gamma(\alpha-k+1)}$；$\Gamma(\cdot)$ 表示 Gamma 函数。

将 ROF 模型中变分正则项的阶次由一阶推广到分数阶，可得到分数阶 ROF 模型，其离散形式可表示为

$$\min_{\boldsymbol{u} \in \boldsymbol{BV}} \|\nabla^\alpha \boldsymbol{u}\|_1 + \frac{\lambda}{2} \|\boldsymbol{u} - \boldsymbol{g}\|_2^2 \tag{4.26}$$

其中，

$$\begin{cases} \|\nabla^\alpha \boldsymbol{u}\|_1 = \sum_{i,j} \left|(\nabla^\alpha \boldsymbol{u})_{i,j}\right| \\ \left|(\nabla^\alpha \boldsymbol{u})_{i,j}\right| = \sqrt{[(\Delta_1^\alpha \boldsymbol{u})_{i,j}]^2 + [(\Delta_2^\alpha \boldsymbol{u})_{i,j}]^2} \end{cases} \tag{4.27}$$

不难看出，传统的一阶微分算子是由有限项组成的局域算子，而分数阶微分

算子是由无限项组成的全局算子，故分数阶 ROF 模型较经典的一阶 ROF 模型能考虑更多的图像邻域像素信息。而图像中邻域像素间的灰度值具有较强的相关性，所以引入分数阶微分算子能保护更多的图像细节特征。理论上讲，分数阶微分算子可由无限项组成，但在图像处理应用中，一般取 $K=\min\{M,N\}$。

对于模型［式（4.26）］的求解，如采用经典的欧拉-拉格朗日方程方法，需要计算一个不可微函数（分数阶正则项）的导数。针对这一问题，本章提出一种原始对偶模型用于替代求解。首先根据定理 4.1 给出分数阶正则项的对偶函数。

定理 4.1 在二维向量空间 $\boldsymbol{Y}$ 中，对于任意的二维变量 $\boldsymbol{p}=(\boldsymbol{p}^1,\boldsymbol{p}^2)\in\boldsymbol{Y}$，$\left|\boldsymbol{p}_{i,j}\right|=\sqrt{(p_{i,j}^1)^2+(p_{i,j}^2)^2}\leqslant 1$，满足

$$\left\|\nabla^\alpha \boldsymbol{u}\right\|_1=\sup_{\boldsymbol{p}\in\boldsymbol{Y}}<\nabla^\alpha \boldsymbol{u},\boldsymbol{p}> \tag{4.28}$$

证明：因为

$$\left\|\nabla^\alpha \boldsymbol{u}\right\|_1=\sum_{i,j}\left|(\nabla^\alpha \boldsymbol{u})_{i,j}\right|\geqslant\sum_{i,j}\left|(\nabla^\alpha \boldsymbol{u})_{i,j}\right|\cdot\left|\boldsymbol{p}_{i,j}\right|\geqslant\sum_{i,j}(\nabla^\alpha \boldsymbol{u})_{i,j}\cdot\boldsymbol{p}_{i,j} \tag{4.29}$$

而

$$\sum_{i,j}(\nabla^\alpha \boldsymbol{u})_{i,j}\cdot\boldsymbol{p}_{i,j}=\sum_{i,j}[(\Delta_1^\alpha u)_{i,j}\cdot p_{i,j}^1+(\Delta_2^\alpha u)_{i,j}\cdot p_{i,j}^2]=<\nabla^\alpha \boldsymbol{u},\boldsymbol{p}> \tag{4.30}$$

所以，$\left\|\nabla^\alpha \boldsymbol{u}\right\|_1=\sup\limits_{\boldsymbol{p}\in\boldsymbol{Y}}<\nabla^\alpha \boldsymbol{u},\boldsymbol{p}>$，定理得证。

令 $F(\boldsymbol{u})=\left\|\nabla^\alpha \boldsymbol{u}\right\|_1$，则分数阶正则项的对偶函数 $F_{\boldsymbol{P}}^*(\boldsymbol{p})$ 满足

$$F_{\boldsymbol{P}}^*(\boldsymbol{p})=\begin{cases}0 & \boldsymbol{p}\in\boldsymbol{P}\\ +\infty & \boldsymbol{p}\notin\boldsymbol{P}\end{cases} \tag{4.31}$$

式中，$\boldsymbol{P}=\{\boldsymbol{p}\in\boldsymbol{Y}:\left\|\boldsymbol{p}\right\|_\infty=\max\limits_{i,j}\left|\boldsymbol{p}_{i,j}\right|\leqslant 1\}$ 表示对偶空间。

依据上述分析，提出一种分数阶原始对偶去噪模型，即分数阶 ROF 模型的原始对偶描述，表示为

$$\min_{u\in BV}\max_{p\in Y} < \nabla^{\alpha}\boldsymbol{u},\boldsymbol{p} > +\frac{\lambda}{2}\|\boldsymbol{u}-\boldsymbol{g}\|_2^2 - F_P^*(\boldsymbol{p}) \tag{4.32}$$

此外，分数阶ROF原始模型［式（4.26）］和原始对偶模型［式（4.32）］等价于

$$\max_{P\in Y} < \boldsymbol{g},\nabla^{\alpha^*}\boldsymbol{p} > -\frac{\left\|\nabla^{\alpha^*}\boldsymbol{p}\right\|_2^2}{2\lambda} - F_P^*(\boldsymbol{p}) \tag{4.33}$$

4.4 数值算法

4.4.1 算法描述

首先分析分数阶原始对偶去噪模型与具有鞍点结构的优化模型在结构上的相似性。基于 Fenchel 对偶理论，鞍点优化问题可以描述为

$$\min_{x\in X}\max_{y\in Y} < \boldsymbol{Ax},\boldsymbol{y} > +G(\boldsymbol{x}) - F^*(\boldsymbol{y}) \tag{4.34}$$

式中，$\boldsymbol{X},\boldsymbol{Y}$ 表示有限维实向量空间；$<\cdot,\cdot>$ 表示标准的欧式内积；$\boldsymbol{A}$ 表示任意线性算子；G 和 F 表示任意半连续函数；F^* 表示 F 的拓扑对偶。

鞍点优化问题可以理解为原始优化问题的原始对偶描述，即

$$\min_{x\in X} F(\boldsymbol{Ax}) + G(\boldsymbol{x}) \tag{4.35}$$

此外，其对应的对偶问题可表示为

$$\max_{y\in Y} -[G^*(-\boldsymbol{A}^*\boldsymbol{y}) + F^*(\boldsymbol{y})] \tag{4.36}$$

不难看出，如将原始优化问题［式（4.35）］与分数阶 ROF 模型［式（4.26）］建立对应关系，即令 $F(\boldsymbol{Ax})$ 对应分数阶正则项 $\left\|\nabla^{\alpha}\boldsymbol{u}\right\|_1$，$G(\boldsymbol{x})$ 对应数据保真项 $\frac{\lambda}{2}\|\boldsymbol{u}-\boldsymbol{g}\|_2^2$，则分数阶原始对偶去噪模型与鞍点优化模型具有明显的结构相似性，可建立对应关系，即 $A=\nabla^{\alpha}$，$G(\boldsymbol{u})=\frac{\lambda}{2}\|\boldsymbol{u}-\boldsymbol{g}\|_2^2$，$F^*(\boldsymbol{p})=F_P{}^*(\boldsymbol{p})$。

针对鞍点优化问题［式（4.34）］的求解，Chambolle 和 Pock 提出了一种基于预解式技术的原始对偶算法，即算法 3.1。考虑到分数阶原始对偶去噪模型与具有鞍点结构的优化模型在结构上的相似性，并且去噪模型中分数阶微分算子 ∇^α 为线性算子，数据保真项 $G(\boldsymbol{u})$ 为凸函数，满足算法 3.1 的前提条件，故可采用该数值算法实现图像去噪的优化过程。

在数值算法实现过程中，需要确定预解算子 $(\boldsymbol{I}+\sigma\nabla F^*)^{-1}$ 和 $(\boldsymbol{I}+\tau\nabla G)^{-1}$。因为 $F^*(\boldsymbol{p})=F_P{}^*(\boldsymbol{p})$，$G(\boldsymbol{u})=\dfrac{\lambda}{2}\|\boldsymbol{u}-\boldsymbol{g}\|_2^2$，所以

$$\boldsymbol{p}=(\boldsymbol{I}+\sigma\nabla F^*)^{-1}(\tilde{\boldsymbol{p}})\Leftrightarrow \boldsymbol{p}_{i,j}=\frac{\tilde{\boldsymbol{p}}_{i,j}}{\max(1,|\tilde{\boldsymbol{p}}_{i,j}|)} \tag{4.37}$$

$$\boldsymbol{u}=(\boldsymbol{I}+\tau\nabla G)^{-1}(\tilde{\boldsymbol{u}})\Leftrightarrow u_{i,j}=\frac{\tilde{\boldsymbol{u}}_{i,j}+\tau\lambda g_{i,j}}{1+\tau\lambda} \tag{4.38}$$

其中，$\tilde{\boldsymbol{p}}=\boldsymbol{p}+\sigma\nabla^\alpha\bar{\boldsymbol{u}}$，$\tilde{\boldsymbol{u}}=\boldsymbol{u}-\tau\nabla^{\alpha*}\boldsymbol{p}$。

算法 4.1 具体给出了求解分数阶原始对偶去噪模型的算法流程。

算法 4.1 分数阶原始对偶去噪算法

步骤 1 初始化：给定初始步长 $\tau_0,\sigma_0>0$，且满足 $\tau_0\sigma_0L^2\leqslant 1$。令 $(\boldsymbol{u}^0,\boldsymbol{p}^0)\in \boldsymbol{X}\times\boldsymbol{Y}$，$\bar{\boldsymbol{u}}^0=\boldsymbol{u}^0$。

步骤 2 计算

$$\begin{cases}\boldsymbol{p}^{n+1}=(\boldsymbol{p}^n+\sigma_n\nabla^\alpha\bar{\boldsymbol{u}}^n)/\max(1,|\boldsymbol{p}^n+\sigma_n\nabla^\alpha\bar{\boldsymbol{u}}^n|)\\ \boldsymbol{u}^{n+1}=(\boldsymbol{u}^n-\tau_n\nabla^{\alpha*}\boldsymbol{p}^{n+1}+\tau_n\lambda\boldsymbol{g})/(1+\tau_n\lambda)\\ \theta_n=1/\sqrt{1+2\gamma\tau_n},\tau_{n+1}=\theta_n\tau_n,\sigma_{n+1}=\sigma_n/\theta_n\\ \bar{\boldsymbol{u}}^{n+1}=\boldsymbol{u}^{n+1}+\theta_n(\boldsymbol{u}^{n+1}-\boldsymbol{u}^n)\end{cases} \tag{4.39}$$

步骤 3 计算原始对偶间隔：定义

$$\varsigma(\boldsymbol{u},\boldsymbol{p})=\max_{\boldsymbol{p}'\in\boldsymbol{Y}}<\boldsymbol{p}',\nabla^\alpha\boldsymbol{u}>-F^*(\boldsymbol{p}')+G(\boldsymbol{u})-\min_{\boldsymbol{u}'\in\boldsymbol{X}}<\boldsymbol{p},\nabla^\alpha\boldsymbol{u}'>-F^*(\boldsymbol{p})+G(\boldsymbol{u}') \tag{4.40}$$

当 ς 满足给定的迭代终止条件时，迭代终止；否则，令 $n=n+1$，转步骤 2。

4.4.2 收敛性分析

下面考虑算法 4.1 的收敛性问题，文献[41]中已证明了算法 3.1 能有效收敛于鞍点，但需满足参数 L 的限制条件，即当线性算子 A 的范数有界时，算法收敛。所以这里需确定算法 4.1 中参数 L 的取值范围。

对于任意的对偶变量 $\boldsymbol{p}=(\boldsymbol{p}^1,\boldsymbol{p}^2)\in\boldsymbol{Y}$，分数阶散度的离散形式可定义为

$$\operatorname{div}^\alpha \boldsymbol{p}=(\operatorname{div}^\alpha \boldsymbol{p})_{i,j} \quad i=1,2,...,\mathrm{M}，\ j=1,2,...,\mathrm{N} \tag{4.41}$$

式中，

$$(\operatorname{div}^\alpha \boldsymbol{p})_{i,j}=(-1)^\alpha\sum_{k=0}^{K-1}(-1)^k C_k^\alpha p_{i+k,j}^1+(-1)^\alpha\sum_{k=0}^{K-1}(-1)^k C_k^\alpha p_{i,j+k}^2 \tag{4.42}$$

令 $w_i=(-1)^i C_i^\alpha$，分析可得

$$\begin{aligned}
L^2&=\left\|\nabla^\alpha\right\|^2=\max\left\|\overline{(-1)^\alpha}\operatorname{div}^\alpha p\right\|^2= \\
&\max\sum_{i,j}(w_0 p_{i,j}^1+w_1 p_{i+1,j}^1+\cdots+w_{K-1}p_{i+K-1,j}^1+w_0 p_{i,j}^2+w_1 p_{i,j+1}^2+\cdots+w_{K-1}p_{i,j+K-1}^2)^2\leqslant \\
&2K\times\sum_{i,j}(w_0 p_{i,j}^1)^2+(w_0 p_{i,j}^2)^2+(w_1 p_{i+1,j}^1)^2+(w_1 p_{i,j+1}^2)^2+\cdots+(w_{K-1}p_{i+K-1,j}^1)^2+(w_{K-1}p_{i,j+K-1}^2)^2\leqslant \\
&2K\times(w_0^2+w_1^2+\cdots+w_{K-1}^2)\|p\|^2\leqslant 2K\times(w_0^2+w_1^2+\cdots+w_{K-1}^2).
\end{aligned} \tag{4.43}$$

式中，$\overline{(\cdot)}$ 表示共轭运算。

因此参数 L 有界，能确保提出算法的收敛性，即

$$L=\left\|\nabla^\alpha\right\|=\left\|\overline{(-1)^\alpha}\operatorname{div}^\alpha\right\|\leqslant\sqrt{2K\sum_{i=0}^{K-1}w_i^2} \tag{4.44}$$

4.4.3 参数选择

算法 4.1 中正则化参数 λ 的选取对去噪性能起到重要的作用，下面将研究参数 λ 的选取策略问题。考虑到模型［式（4.32）］中数据保真项的结构特征，这里根据 Morozov 偏差原理在算法的每次迭代中自适应选取 λ，以保证模型寻优过程不偏离设定的偏差上界，最终达到保持图像原始特征的目的。设定 Morozov 偏差原理中的有界线性紧算子为单位矩阵，定义模型寻优的可行域

$$D=\{\boldsymbol{u}:\|\boldsymbol{u}-\boldsymbol{g}\|_2^2\leqslant c^2\} \tag{4.45}$$

其中，$c^2=\rho MN\sigma^2$，$\rho\in(0,1]$为预设参数（默认值为$\rho=1$）。

式中，$M\times N$表示图像大小；σ^2表示噪声方差，如果σ^2未知，可以采用中值规则估计。

通过设定可行域可以限制优化处理过程中的去噪偏差上界，从而保护更多的图像细节特征。

下面分析正则化参数自适应选取过程中，解的唯一性问题。定义寻优偏差变量为$\boldsymbol{e}$，则根据式（4.38）可得

$$\boldsymbol{e}_{n+1}=\boldsymbol{u}^{n+1}-\boldsymbol{g}=\frac{\boldsymbol{u}^n-\tau_n\nabla^{\alpha*}\boldsymbol{p}^{n+1}-\boldsymbol{g}}{1+\tau_n\lambda_{n+1}} \tag{4.46}$$

基于 MATLAB 数学工具可以得到参数λ的数值解。通过上述对去噪寻优可行域的限制，算法 4.2 提出了一种求解分数阶 ROF 模型的分数阶自适应调整原始对偶去噪算法。

算法 4.2 分数阶自适应调整原始对偶去噪算法

步骤 1 初始化：给定初始步长$\tau_0,\sigma_0>0$，且满足$\tau_0\sigma_0L^2\leqslant 1$。令$(\boldsymbol{u}^0,\boldsymbol{p}^0)\in\boldsymbol{X}\times\boldsymbol{Y}$，$\bar{\boldsymbol{u}}^0=\boldsymbol{u}^0$。

步骤 2 迭代：

$$\begin{cases}\boldsymbol{p}^{n+1}=(\boldsymbol{p}^n+\sigma_n\nabla^\alpha\bar{\boldsymbol{u}}^n)/\max(1,\left|\boldsymbol{p}^n+\sigma_n\nabla^\alpha\bar{\boldsymbol{u}}^n\right|)\\ \text{if}\quad \tilde{u}\in D,\lambda_{k+1}=0\\ \text{elsesolve}\quad \kappa(\lambda_{n+1},u_n)=c^2\\ \boldsymbol{u}^{n+1}=(\boldsymbol{u}^n-\tau_n\nabla^{\alpha*}\boldsymbol{p}^{n+1}+\tau_n\lambda\boldsymbol{g})/(1+\tau_n\lambda)\\ \theta_n=1/\sqrt{1+2\gamma\tau_n},\tau_{n+1}=\theta_n\tau_n,\sigma_{n+1}=\sigma_n/\theta_n\\ \bar{\boldsymbol{u}}^{n+1}=\boldsymbol{u}^{n+1}+\theta_n(\boldsymbol{u}^{n+1}-\boldsymbol{u}^n)\end{cases} \tag{4.47}$$

步骤 3 终止条件：

$$\varsigma(\boldsymbol{u},\boldsymbol{p})=\max_{\boldsymbol{p}'\in\boldsymbol{Y}}<\boldsymbol{p}',\nabla^\alpha\boldsymbol{u}>-F^*(\boldsymbol{p}')+G(\boldsymbol{u})-\min_{\boldsymbol{u}'\in\boldsymbol{X}}<\boldsymbol{p},\nabla^\alpha\boldsymbol{u}'>-F^*(\boldsymbol{p})+G(\boldsymbol{u}')\leqslant\varepsilon \tag{4.48}$$

式中，$\varsigma(\boldsymbol{u},\boldsymbol{p})$是分数阶 ROF 原始问题［式（4.26）］和其对偶问题［式（4.33）］的函数差值，简称原始对偶间隔，理论上讲，当该值为零时，$(\boldsymbol{u},\boldsymbol{p})$收敛到鞍点。

4.5 数值实验与分析

下面将通过数值实验结果说明本章提出的去噪算法的优势，并且验证正则化参数选取策略对去噪效果的影响。因为在本章提出的分数阶自适应调整原始对偶算法中，需要计算分数阶算子 ∇^{α} 的伴随算子 ∇^{α^*}，所以实验首先对图像进行向量化处理，即通过逐行扫描的方式，将图像矩阵转换为列向量。算法参数设定如下：初始步长 $\sigma_0 = \tau_0 = 1/L$，为了保证数据项 $G(\boldsymbol{u})$ 的一致凸特性，应满足 $\gamma = c\lambda$，其中，$c \in (0,1]$，这里令 $c = 0.35$。

4.5.1 正则化参数选取策略的分析与比较

正则化参数用于平衡去噪后图像的保真性和平滑性。下面研究在基于 Morozov 偏差原理的正则化参数选取策略中，影响参数取值的几个因素，同时将该选取策略与其他几种典型方法进行去噪性能的比较。

选取标准图像“Lena”“Barbara”“Boat”和“Peppers”作为测试图像，图像大小均为 512px×512px，如图 4.1 所示。实验中将测试图像加入均值为 0，标准差为 σ 的高斯白噪声。

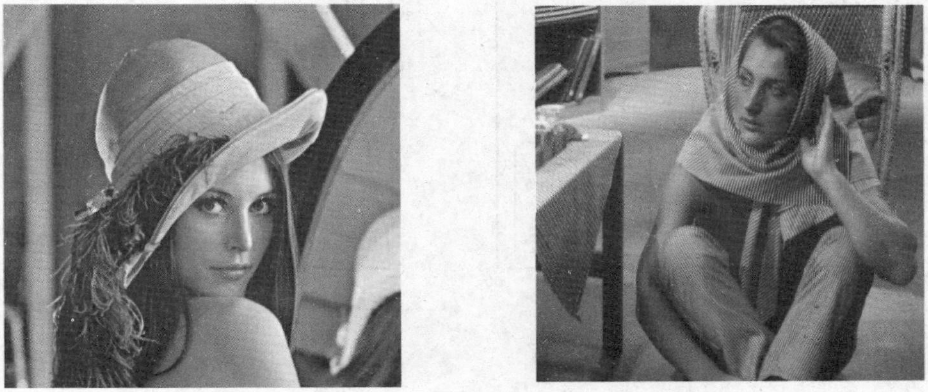

（a）Lena　　（b）Barbara

（c）Boat

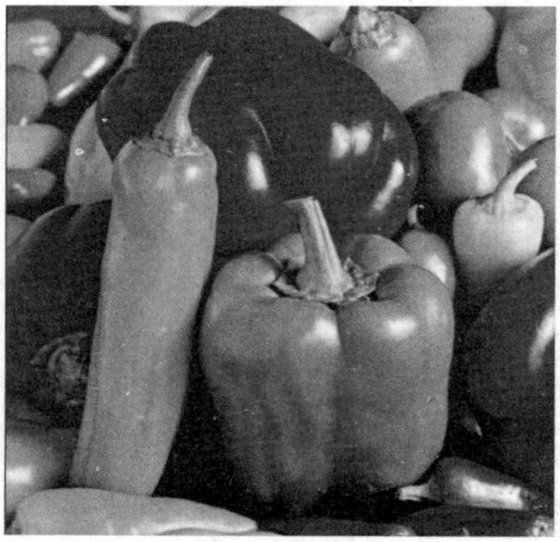

（d）Peppers

图 4.1　测试图像

1．噪声方差对正则化参数选取的影响

由于在基于 Morozov 偏差原理的正则化参数选取策略中，去噪可行域的上界受图像噪声强度的影响，所以这里分析噪声方差对正则化参数选取的影响。给测试图像分别加入方差为 20、30、40、50 的高斯白噪声，当 $\alpha = 1.0$ 时，测试图像在不同噪声强度下，去噪寻优过程中正则化参数的自适应选取情况，如图 4.2 所示。

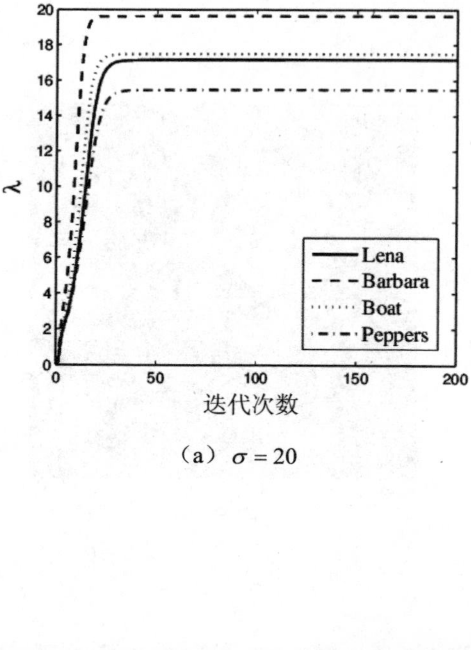

（a）$\sigma = 20$

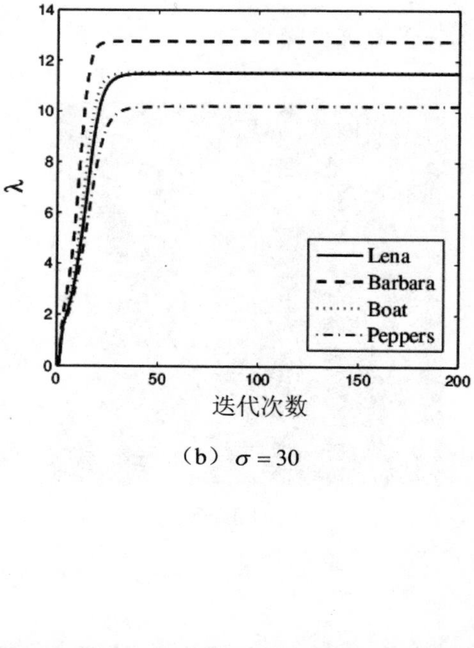

（b）$\sigma = 30$

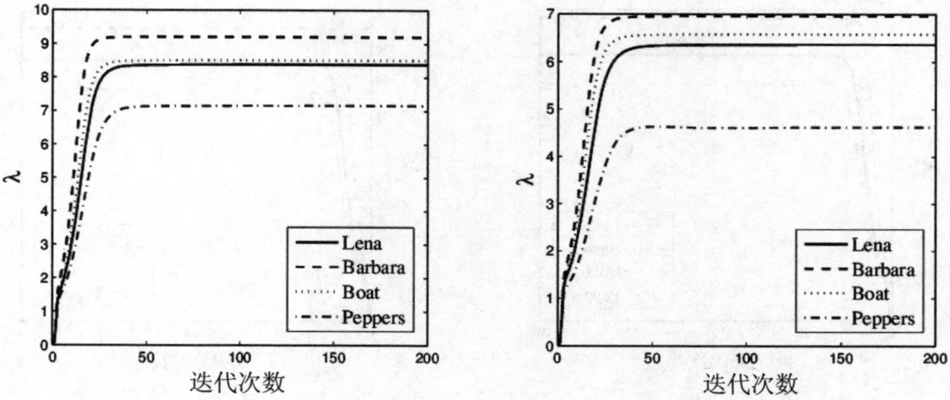

（c）$\sigma = 40$　　（d）$\sigma = 50$

图 4.2　不同噪声方差下正则化参数的自适应选取过程

不难看出正则化参数能在有限迭代次数（25 次）内很快达到稳定状态，但随着图像噪声强度的增大，正则化参数的稳态值减小，即噪声强度较大时，侧重于正则项的调整，以加强图像平滑的作用。

2. 分数阶次对正则化参数选取的影响

正则化参数能平衡去噪处理的边缘保护能力和内容平滑能力。事实上，分数阶次的选取也能影响去噪图像的平滑度，所以这里测试分数阶次对正则化参数选取的影响。给测试图像分别加入方差为 30 的高斯白噪声，测试图像在不同分数阶次作用下，去噪寻优过程中正则化参数的自适应选取情况如图 4.3 所示。

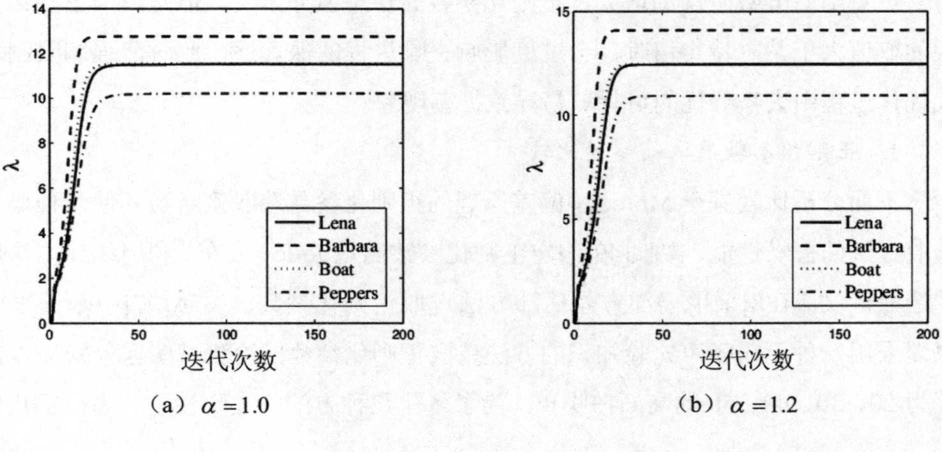

（a）$\alpha = 1.0$　　（b）$\alpha = 1.2$

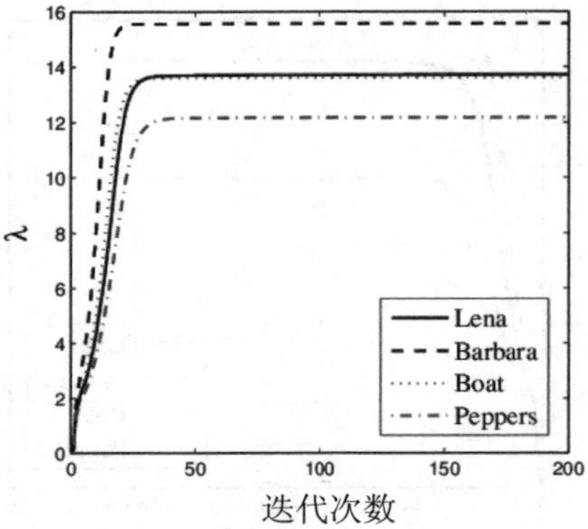

（c） $\alpha = 1.4$

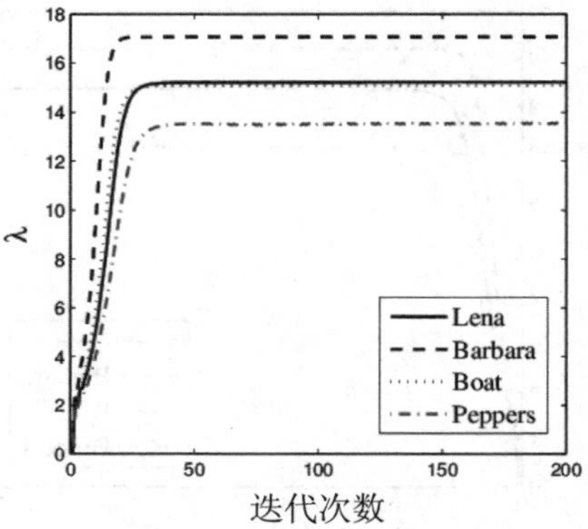

（d） $\alpha = 1.6$

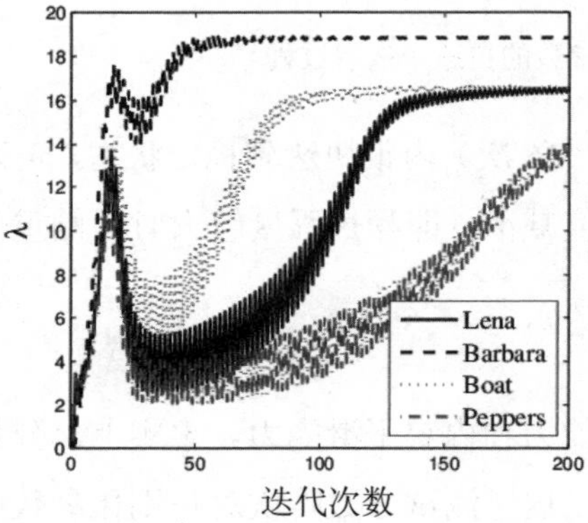

（e） $\alpha = 1.8$

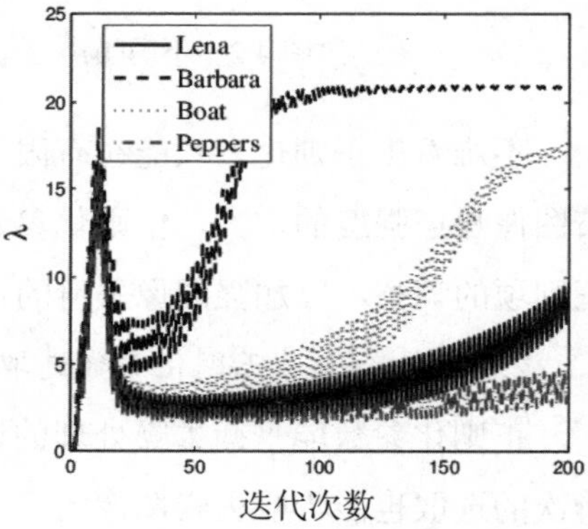

（f） $\alpha = 2.0$

图 4.3 不同分数阶次下正则化参数的自适应选取过程

可见随着分数阶次的增大，正则化参数的稳态值亦增大。但是，当正则化参数的取值大于某一特定值时，会过度影响去噪进程的保真性，此时，强制限制迭代优化过程中去噪寻优的可行域易导致振荡现象。

3. 正则化参数选取策略的比较

下面分析比较基于 Morozov 偏差原理的正则化参数选取策略与其他几种典型选取方法的去噪性能。文献[49]假定正则化参数满足 Jeffey 分布，利用统计方法估计选取。文献[88]采用局部方差估计方法选取正则化参数。文献[97]中基于平衡原理采用一种无需噪声先验知识的方法选取正则化参数。给测试图像分别加入方差为 20、30、40、50 的高斯白噪声。为了量化几种方法的去噪性能，比较了几种正则化参数选取策略作用下分数阶 ROF 模型的去噪图像峰值信噪比（*PSNR*），见表 4.1。

表 4.1　几种正则化参数选取策略作用下分数阶 ROF 模型去噪图像 *PSNR* 的比较

图像	方差	文献[49]	文献[88]	文献[97]	本章算法
Lena	20	26.3234	28.9671	30.4365	30.6094
	30	27.0691	27.6563	28.0272	28.7250
	40	27.2087	26.1667	25.1338	27.4824
	50	26.5584	22.2667	22.7445	26.5676
Barbara	20	22.4715	24.9158	25.3069	26.3606
	30	22.8064	23.7602	24.5964	24.5717
	40	22.9165	23.0395	23.0522	23.5428
	50	22.7202	20.9394	21.4226	22.8244
Boat	20	24.3068	28.3510	28.4759	29.1350
	30	25.0210	27.3121	27.2229	27.3878
	40	25.2270	24.8408	24.8216	26.1015
	50	24.9183	22.0644	22.6440	25.0990
Peppers	20	21.5517	28.3866	29.7168	29.3102
	30	22.6429	27.3659	27.4753	27.8512
	40	23.1719	24.8619	24.5328	25.6830
	50	22.9308	21.6819	22.1276	24.7208

表 4.1 中数据为迭代次数 $n=200$，分数阶次 $\alpha=1.0$ 时的去噪图像峰值信噪比。由实验数据可知，本章提出的基于 Morozov 偏差原理的正则化参数估计方法，在处理不同内容和不同噪声强度的图像时，去噪量化指标均优于其他几种典型方法。

4.5.2　算法性能的分析与比较

求解分数阶原始对偶去噪模型，需要采用变分数值算法。这里将验证本章提出的基于预解式的原始对偶算法与其他几种典型分数阶模型求解方法相比在速度上的优势。实验中，给测试图像加入标准差为 20 的高斯白噪声，Bioucas 的 MM 算法[49]、Chambolle 的投影算法[89]、Beck 的快速梯度算法[90]、Rodrguez 的加权范数迭代算法[91]、和基于预解式的原始对偶算法运行迭代次数和 CPU 运算时间的比较见表 4.2。实验参数设置如下：$\alpha=1.0$，$\lambda=8$，$\varepsilon=10^{-4}$，其中ε表示终止迭代阈值（设定为连续迭代步骤间解的均方根误差）。

表 4.2 几种算法运行迭代次数和 CPU 运算时间的比较

图像	文献[49]	文献[89]	文献[90]	文献[91]	本章算法
Lena	69 (50.47s)	246 (9.87s)	78 (6.93s)	6 (22.07s)	53 (2.36s)
Barbara	77 (56.16s)	233 (9.34s)	68 (6.15s)	6 (23.97s)	51 (2.25s)
Boat	58 (49.13s)	241 (9.65s)	43 (4.01s)	6 (22.66s)	53 (2.33s)
Peppers	86 (61.17s)	264 (10.57s)	74 (6.71s)	7 (25.35s)	53 (2.33s)

由表 4.2 可见，采用的基于预解式的原始对偶算法收敛速度明显优于其他几种测试算法，本章将该算法推广到分数阶情况，用于求解分数阶变分去噪问题。和一阶局域算子相比，分数阶全局算子在运行时会耗用更多的时间，分数阶原始对偶算法在不同分数阶次作用下运行的迭代次数和 CPU 运算时间见表 4.3。实验参数设置如下：$\sigma=20$，$\lambda=8$，$\varepsilon=10^{-4}$。

表 4.3 分数阶原始对偶算法在不同分数阶次下运行迭代次数和 CPU 运算时间的比较

图像	α=1.0	α=1.2	α=1.4	α=1.6	α=1.8	α=2.0
Lena	53 (2.36s)	78 (7.09s)	94 (8.84s)	112 (10.76s)	132 (12.59s)	154 (14.82s)
Barbara	51 (2.25s)	76 (7.25s)	92 (8.86s)	110 (10.54s)	131 (12.37s)	153 (14.58s)
Boat	53 (2.33s)	78 (7.45s)	93 (8.84s)	111 (10.74s)	132 (12.55s)	154 (14.67s)
Peppers	53 (2.33s)	79 (7.67s)	94 (8.94s)	112 (10.66s)	133 (12.64s)	155 (14.50s)

此外，为了验证本章提出的算法在处理不同尺寸图像时的性能，用该算法分别处理尺寸为 128px×128px，256px×256px，512px×512px 和 1024px×1024px 的“Lena”图像，其在不同分数阶次作用下运行的迭代次数和 CPU 运算时间见表 4.4。实验参数设置如下：$\sigma=20$，$\lambda=8$，$\varepsilon=10^{-4}$。

表 4.4　分数阶原始对偶算法在不同阶次下处理不同尺寸的图像运行迭代次数和 CPU 运算时间的比较

图像大小	α=1.0	α=1.2	α=1.4	α=1.6	α=1.8	α=2.0
128px×128px	48 (0.12s)	71 (0.21s)	84 (0.25s)	102 (0.30s)	124 (0.37s)	147 (0.45s)
256px×256px	51 (0.56s)	75 (1.23s)	90 (1.47s)	108 (1.73s)	130 (2.08s)	153 (2.43s)
512px×512px	53 (2.36s)	78 (7.09s)	94 (8.84s)	112 (10.76s)	132 (12.59s)	154 (14.82s)
1024px×1024px	54 (9.20s)	81 (53.27s)	97 (62.69s)	115 (73.61s)	134 (84.77s)	154 (99.86s)

4.5.3　去噪性能的分析与比较

考虑到分数阶微分的频率特性，本章将传统的一阶 ROF 模型推广到了分数阶。图 4.4 所示为分数阶微分在几个典型阶次下的幅频特性响应曲线，不难看出，随着微分阶次的增加，信号的中频和高频成分能有效增强。针对图像来说，中频成分对应图像的纹理部分，高频成分对应图像的边缘和噪声部分。由此可见，分数阶微分有利于增强图像的中频纹理和高频边缘信息。下面将通过数值实验测试模型的去噪性能。

1. 固定正则化参数

为了显示分数阶微分在分数阶原始对偶模型中的作用，这里固定正则化参数 λ，选取临床心脏超声图像作为测试图像，图像大小为 156px×156px，实验中设定迭代次数 $n=200$，正则化参数 $\lambda=10$，分数阶次 $\alpha\in(0,3)$。实验结果表明，随着分数阶次α的增加，图像的细节保护能力得到有效增强，但同时也会残留更多的噪声成分。综合考虑模型对噪声的抑制能力和对图像细节特征的保护能力，本章折中选取$\alpha \in (1,2)$。图 4.5 所示为不同分数阶次作用下心脏超声图像去噪后的效果比较。

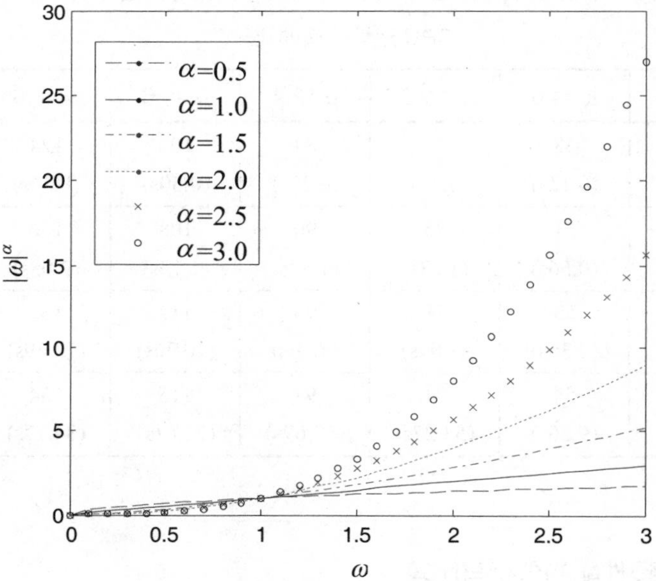

图 4.4　分数阶微分在几个典型阶次下的幅频特性响应曲线

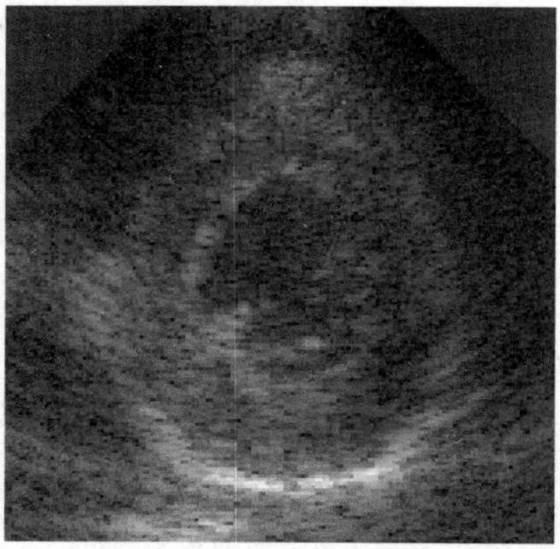

（a）噪声图像

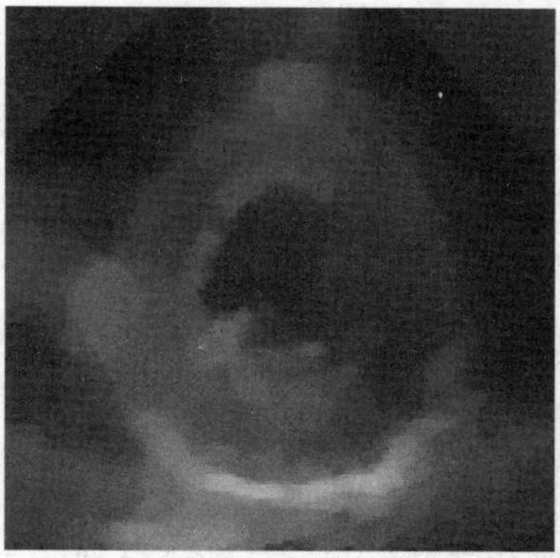

（b） $\alpha=1.0$

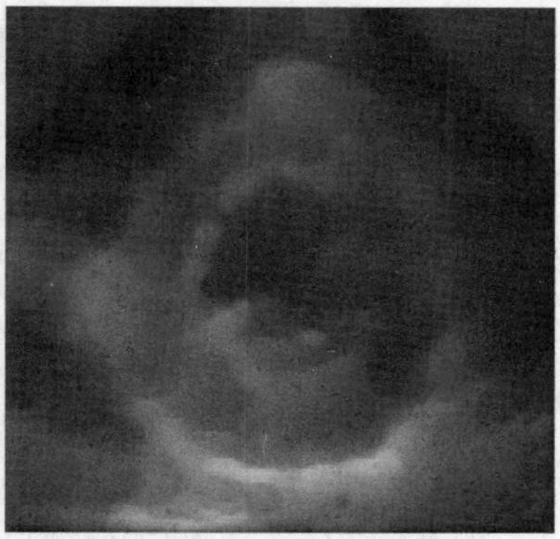

（c） $\alpha=1.2$

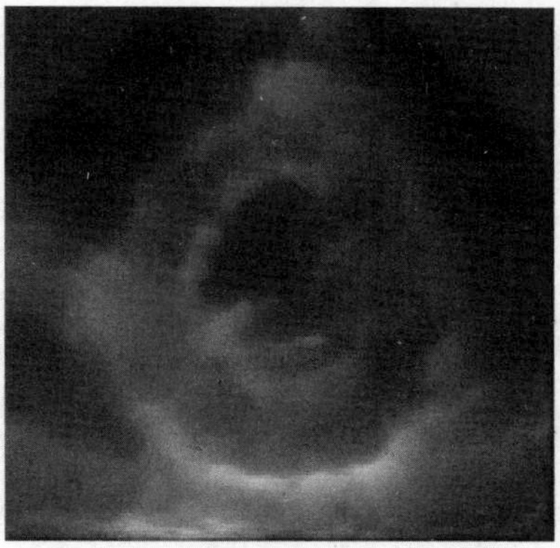

（d） $\alpha=1.4$

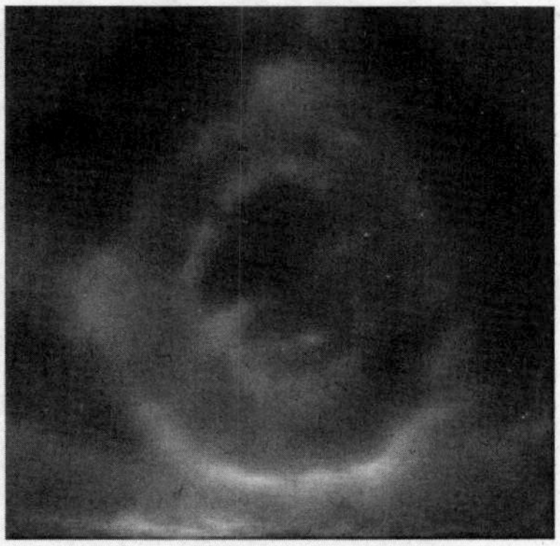

（e） $\alpha=1.6$

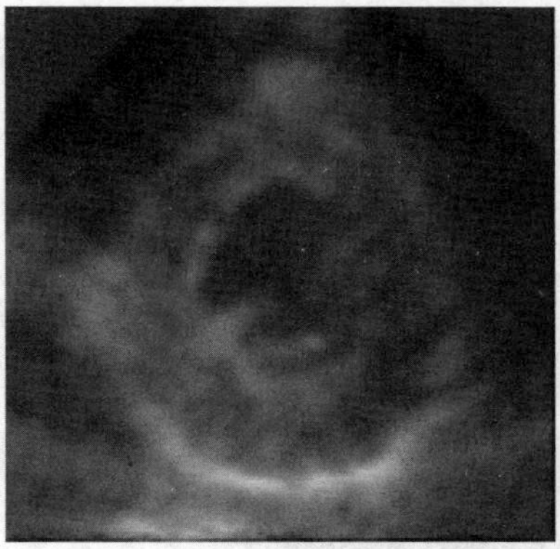

（f） $\alpha=1.8$

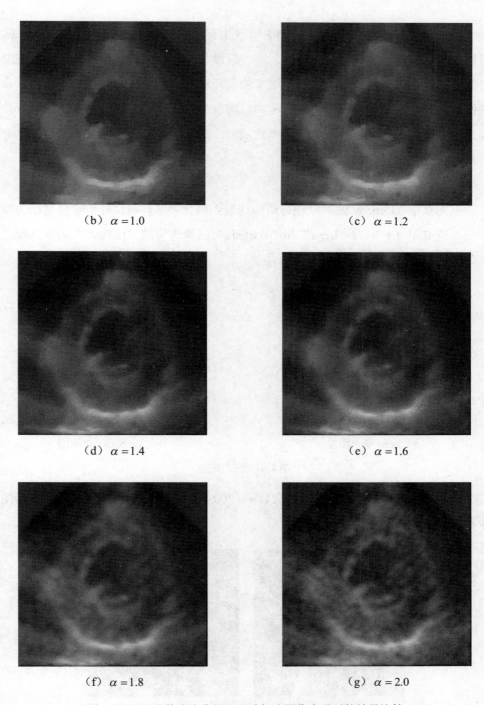

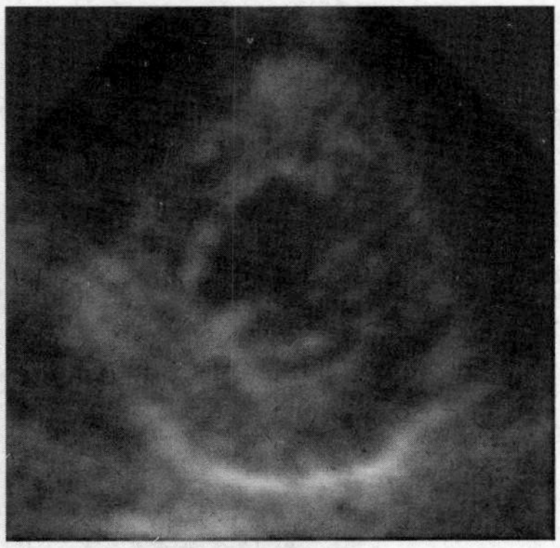

（g） $\alpha=2.0$

图 4.5　不同分数阶次作用下心脏超声图像去噪后的效果比较

图中可清晰看出一阶 ROF 模型去噪效果有明显的“阶梯效应”现象，而二阶模型去噪后残留了明显的斑点噪声。与一阶模型相比，本章提出的分数阶模型能有效缓解“阶梯效应”现象，保留更多的纹理和边缘特征，与二阶模型相比，本章提出的分数阶模型能滤除更多的噪声。随着分数阶次的增加，图像的细节保护能力能有效增强，但也残留更多的噪声成分，这一结果符合前面关于分数阶微分的频率特性分析。

2. 自适应选取正则化参数

下面基于 Morozov 偏差原理自适应选取正则化参数，测试分数阶模型的去噪性能。选取图 4.1 中的“Lena”和“Barbara”图像作为测试图像，并加入标准差为 20 的高斯白噪声，如图 4.6 所示。

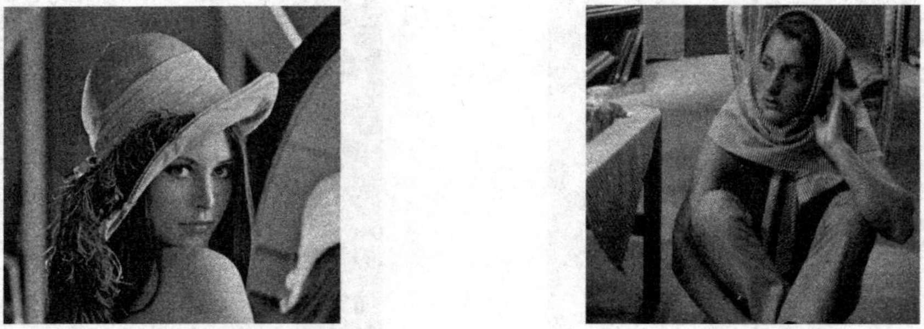

（a）Lena 噪声图像　　（b）Barbara 噪声图像

图 4.6　测试图像

图 4.7 和图 4.8 所示为当迭代次数 $n=200$ 时，不同分数阶次情况下去噪后图像和其局部放大效果的比较。

（a）$\alpha=1.0$

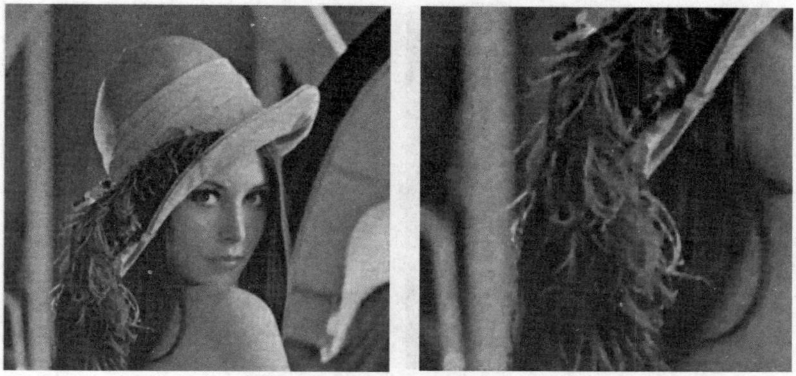

（b） $\alpha=1.2$

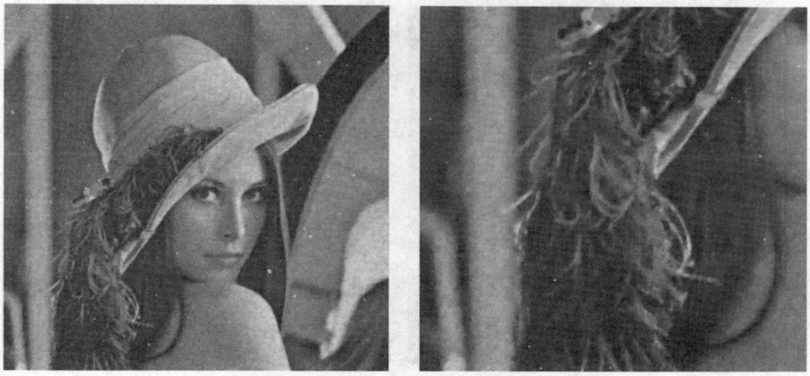

（c） $\alpha=1.4$

（d） $\alpha=1.6$

（e） $\alpha=1.8$

（f） $\alpha=2.0$

图 4.7 不同分数阶次情况下去噪后图像及其局部放大效果的比较

（a） $\alpha=1.0$

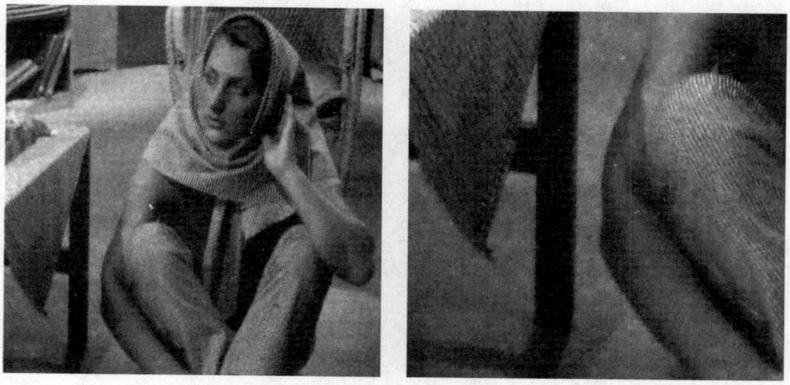

（b） $\alpha=1.2$

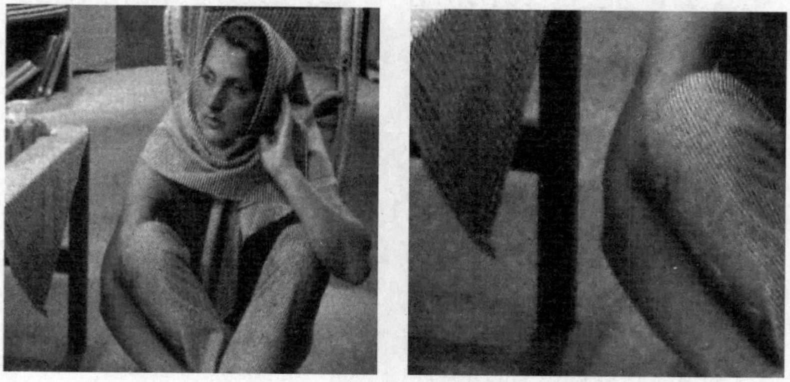

（c） $\alpha=1.4$

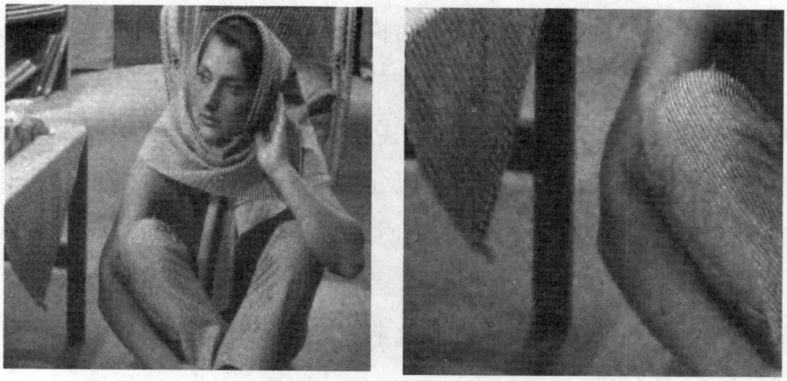

（d） $\alpha=1.6$

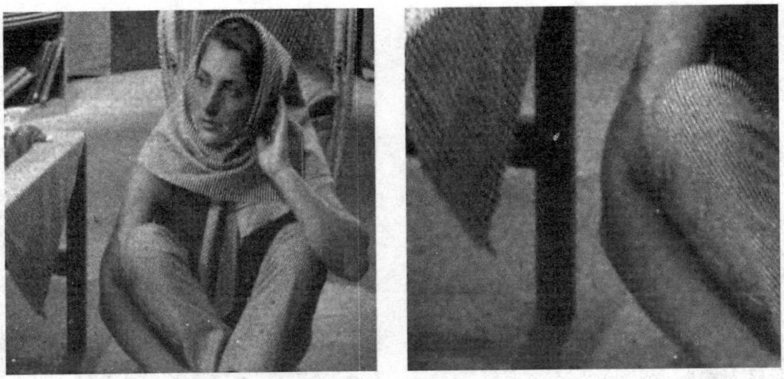

（e） $\alpha=1.8$

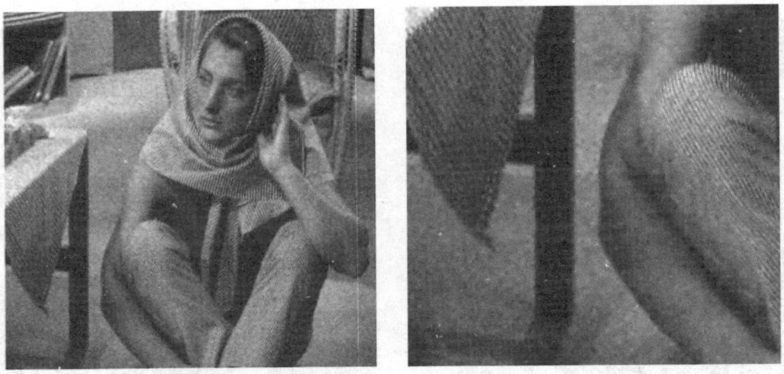

（f） $\alpha=2.0$

图 4.8 不同分数阶次情况下去噪后图像及其局部放大效果的比较

实验结果表明，正则化参数对平衡模型的保真性和平滑性起到重要作用，而分数阶微分的作用是更好地保护图像的细节信息，当 $\alpha>1$ 时，和传统的一阶 ROF 模型去噪效果相比，“Lena”图像中的高频发丝边缘信息和“Barbara”图像中的中频纹理信息可以有效保留，但分数阶次 α 的取值不宜过大，否则会残留过多的图像噪声。图 4.9 进一步说明了这一结论，其中原始对偶间隔由式（4.41）而得，理论上讲，只有原始对偶间隔为零时，解收敛于鞍点。由实验结果可知，当 $\alpha>1.8$ 时，迭代过程不会收敛于最优解，这与由图 4.3 得出的结论相一致。

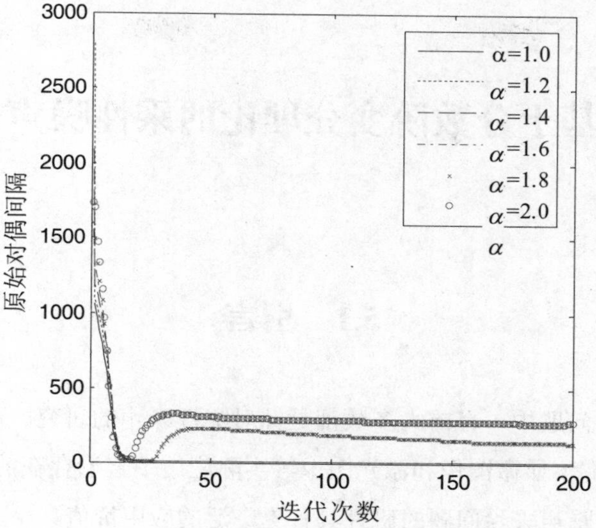

图 4.9　不同阶次下分数阶模型的原始对偶间隔

4.6　本章小结

本章将经典的整数阶 ROF 模型推广到分数阶，用于数字图像的去噪处理，并减少去噪处理后图像细节的损失。为了简化分数阶模型的求解，基于对偶理论等效变换模型，本章提出了一种分数阶原始对偶模型，该模型与鞍点优化模型在结构上具有相似性，故可采用一种求解鞍点问题的原始对偶数值算法实现。同时，该模型基于 Morozov 偏差原理设定了去噪寻优的可行域，实现了模型中正则化参数的自适应选取。实验结果表明，本章提出的分数阶原始对偶模型能有效改善图像的视觉效果，抑制“阶梯效应”现象，保留图像的纹理和细节信息。同时，本章提出的分数阶原始对偶数值算法在特定参数取值范围内能有效收敛，且收敛速度较快。

第 5 章　基于分数阶变分理论的乘性噪声去除算法

5.1　引言

在图像去噪问题中，目前大多数都是针对加性噪声的研究。而在合成孔径雷达图像、医学图像、显微图像和激光图像等实际应用中普遍存在的却是乘性噪声。因此对图像乘性噪声去除问题的研究具有更广泛的应用价值。

从数学角度上讲，乘性噪声模型[104]通常表示为

$$\boldsymbol{f} = \boldsymbol{u\eta} \tag{5.1}$$

式中，$\boldsymbol{f}$ 表示观测图像，$\boldsymbol{u}$ 表示原始图像，$\boldsymbol{\eta}$ 表示乘性噪声。

本章研究的噪声类型是均值为 1 的 Gamma 分布噪声，其概率密度函数为

$$P(\eta) = \frac{L^L}{\Gamma(L)} \eta^{L-1} \mathrm{e}^{-L\eta} 1_{\{\eta \geqslant 0\}} \tag{5.2}$$

式中，L 表示同场景独立成像次数，$\Gamma(\cdot)$ 表示 Gamma 函数。

在乘性噪声去除方法中，变分法[105]凭借其严格的数学分析基础，成为目前的研究热点之一。文献[32]中，Rudin、Lions 和 Osher 基于去除加性噪声的变分方法，提出了第一个用于去除乘性噪声的变分模型，简称 RLO 模型，但该模型仅考虑了噪声的基本统计特性（均值和方差）。继 RLO 模型后，Aubert 和 Aujol[33]基于噪声的最大后验概率估计，提出了一种著名的去除乘性 Gamma 噪声的变分模型，简称 AA 模型，并采用梯度下降算法求解该模型。考虑到 AA 模型的非凸性导致去噪结果依赖于初始值选取和数值化方法的问题，相关领域一时兴起了关于凸变分乘性去噪模型的研究。例如，Shi 和 Osher 利用对数变换将乘性非凸问题转换为加性凸问题，提出了一种 SO 模型[34]。Steidl 等人组合 I-divergence 保真项和变分调整，提出了一种 I-divergence 模型[36]。

上述变分去噪模型均通过引入能量函数，将图像去噪问题转化为泛函求极值问题，且均建立在 BV 空间，而 BV 空间的函数具有分段平滑特性，所以稳态解中均存在明显的“阶梯效应”，即遗失了一些细节信息，出现分段平滑现象。为了解决这一问题，基于分数阶微分能考虑更多邻域像素信息的特性，本章将分数阶微分引入到一种凸变分去噪模型中，提出了一种分数阶 I-divergence 模型。

目前有多种求解变分问题的数值算法，但均在不同程度上具有运行速度慢、计算复杂度高或缺少正则化参数选取知识的问题。研究发现，基于对偶理论对提出的分数阶 I-divergence 模型作等价变换可得到一种分数阶 I-divergence 原始对偶模型，该模型在结构上与具有鞍点结构的优化模型形式相近，可建立对应关系，故可采用一种求解鞍点问题的更为灵活且收敛速度较快的原始对偶算法求解。本章针对该算法中定义的参数，结合分数阶微分的性质给出了其取值范围，以保证该算法的收敛性，同时为了平衡模型的边缘保护能力和保真性，基于平衡原理提出了一种无需噪声先验知识的正则化参数自适应选取策略。实验结果表明，本章提出的分数阶模型能有效缓解“阶梯效应”，保留更多的图像细节特征，同时本章提出的分数阶原始对偶算法与一些现有的经典算法相比，收敛速度更快。

5.2 几种乘性变分去噪模型及其相关性分析

5.2.1 SO 模型

Shi 和 Osher 利用对数变换 $\boldsymbol{w}=\log\boldsymbol{u}$，将乘性变分去噪问题转换为加性变分去噪问题，提出了一种指数变分模型[34]，

$$\begin{cases}\hat{\boldsymbol{w}}=\underset{\boldsymbol{w}\in BV}{\arg\min}\{\int_{\Omega}(\boldsymbol{f}\mathrm{e}^{-\boldsymbol{w}}+\boldsymbol{w})\mathrm{d}x+\lambda\int_{\Omega}|\nabla\boldsymbol{w}|\mathrm{d}x\}\\ \hat{\boldsymbol{u}}=\mathrm{e}^{\hat{\boldsymbol{w}}}\end{cases}\tag{5.3}$$

式中，$\boldsymbol{f}$ 表示观测图像；$\boldsymbol{u}$ 表示去噪后图像；λ 表示正则化参数；$\boldsymbol{w}$ 为中间变量。

考虑到对数函数的单调递增特性，该模型将梯度算子直接作用于对数变换图像，确保了作用后不改变图像边缘的位置，即不影响图像的结构特征。

5.2.2 I-divergence 模型

I-divergence 是一种广义 Kullback-Leibler（KL）距离。从统计学角度看，它可以用来度量两个概率分布 f 和 u 的差异性，具体定义为

$$I(f,u)=\int_{\Omega}\left(f\log_{10}\frac{f}{u}-f+u\right)\mathrm{d}x \tag{5.4}$$

Steidl 等人利用 I-divergence 作为数据保真项，忽略其中的常数项，并结合全变分正则项提出了一种乘性噪声去除模型，简称 I-divergence 模型[36]，即

$$\hat{\boldsymbol{u}}=\underset{\boldsymbol{u}\in BV}{\arg\min}\left\{\int_{\Omega}(\boldsymbol{u}-\boldsymbol{f}\log_{10}\boldsymbol{u})\mathrm{d}x+\lambda\int_{\Omega}|\nabla\boldsymbol{u}|\mathrm{d}x\right\} \tag{5.5}$$

5.2.3 Weberized 模型

Xiao 等人从视觉生理学角度出发，根据 Weber 定律构造变分正则项，再结合乘性 Gamma 噪声分布的最大后验统计构造数据保真项，提出了一种 Weberized 变分正则化模型[37]，即

$$\hat{\boldsymbol{u}}=\underset{\boldsymbol{u}\in BV}{\arg\min}\left\{\int_{\Omega}\left(\frac{\boldsymbol{f}}{\boldsymbol{u}}+\log_{10}\boldsymbol{u}\right)\mathrm{d}x+\lambda\int_{\Omega}\frac{|\nabla\boldsymbol{u}|}{\boldsymbol{u}}\mathrm{d}x\right\} \tag{5.6}$$

该模型通过引入 Weberized 变分正则项，不仅强调了图像的正则性，同时能更好地保持图像的对比度特性。

5.2.4 模型的相关性分析

下面基于变分理论，分别推导上述三种变分模型的欧拉-拉格朗日方程，从而分析模型解间的联系。

SO 模型的欧拉-拉格朗日方程为

$$1-\boldsymbol{f}\mathrm{e}^{-\hat{\boldsymbol{w}}}-\lambda\mathrm{div}\frac{\nabla\hat{\boldsymbol{w}}}{|\nabla\hat{\boldsymbol{w}}|}=0 \tag{5.7}$$

I-divergence 模型的欧拉-拉格朗日方程为

$$1-\frac{\boldsymbol{f}}{\hat{\boldsymbol{u}}}-\lambda \operatorname{div}\frac{\nabla\hat{\boldsymbol{u}}}{|\nabla\hat{\boldsymbol{u}}|}=0 \tag{5.8}$$

Weberized 模型的欧拉-拉格朗日方程为

$$\begin{cases}1-\dfrac{\boldsymbol{f}}{\hat{\boldsymbol{u}}}-\lambda \operatorname{div}\dfrac{\nabla\hat{\boldsymbol{u}}}{|\nabla\hat{\boldsymbol{u}}|}=0\\ \left.\dfrac{\mathrm{d}\hat{\boldsymbol{u}}}{\mathrm{d}\vec{\boldsymbol{n}}}\right|_{\partial\Omega}=0\end{cases} \tag{5.9}$$

式中，$\vec{\boldsymbol{n}}$ 是边界 $\partial\Omega$ 的单位外法向量，且 $\vec{\boldsymbol{n}}=\nabla\boldsymbol{u}/|\nabla\boldsymbol{u}|$。

不难看出，因 SO 模型定义中设定 $\hat{\boldsymbol{u}}=\mathrm{e}^{\hat{\boldsymbol{w}}}$，且 $\dfrac{\nabla\hat{\boldsymbol{w}}}{|\nabla\hat{\boldsymbol{w}}|}=\dfrac{\mathrm{e}^{\boldsymbol{w}}\nabla\hat{\boldsymbol{w}}}{\mathrm{e}^{\boldsymbol{w}}|\nabla\hat{\boldsymbol{w}}|}=\dfrac{\nabla\hat{\boldsymbol{u}}}{|\nabla\hat{\boldsymbol{u}}|}$，所以式（5.7）和式（5.8）等价，即 SO 模型与 I-divergence 模型解一致，只是 I-divergence 模型的优势在于不需要对优化结果再做非线性指数运算处理。再有，如果忽略式（5.9）中的边界条件 $\mathrm{d}\hat{\boldsymbol{u}}/\mathrm{d}\vec{\boldsymbol{n}}|_{\partial\Omega}=0$，则上述三式均相互等价，即三个模型的解均一致，只是 Weberized 模型的优势在于可以提高图像的对比度保持能力，但因其具有非凸特性，所以模型解依赖于初始值的选取和数值化方法。

通过上述分析可以得出三种模型的解具有相关性，但各模型求解的数值实现过程仍要依赖于模型的自身特性。

5.3 分数阶 I–divergence 模型的提出

分数阶微分已经成功应用于图像加性噪声的滤除，有效缓解了“阶梯效应”现象，但目前还没有统一的分数阶微分定义。这里利用著名的 G-L 分数阶微积分定义构造分数阶梯度算子，处理图像乘性噪声的去除问题。对于有限维向量空间 $\boldsymbol{X}$ 中的任意二维图像 $\boldsymbol{u}$，假定图像大小为 $M\times N$，则其分数阶微分离散形式定义为

$$(\nabla^{\alpha}\boldsymbol{u})_{i,j}=[(\Delta_1^{\alpha}\boldsymbol{u})_{i,j},(\Delta_2^{\alpha}\boldsymbol{u})_{i,j}] \quad i=1,2,\ldots,M\,,\quad j=1,2,\ldots,N \tag{5.10}$$

式中，

$$\begin{cases}(\Delta_1^{\alpha}\boldsymbol{u})_{i,j}=\sum\limits_{k=0}^{K-1}(-1)^k C_k^{\alpha}\boldsymbol{u}_{i-k,j}\\(\Delta_2^{\alpha}\boldsymbol{u})_{i,j}=\sum\limits_{k=0}^{K-1}(-1)^k C_k^{\alpha}\boldsymbol{u}_{i,j-k}\end{cases}\tag{5.11}$$

式中，$K\geqslant 3$为整常数；$C_k^{\alpha}=\dfrac{\Gamma(\alpha+1)}{\Gamma(k+1)\Gamma(\alpha-k+1)}$；$\Gamma(\cdot)$表示 Gamma 函数。

回顾前面的变分去噪模型均建立在BV空间，而BV空间的函数具有分段平滑特性，所以稳态解中均存在明显的“阶梯效应”现象。下面通过引入分数阶微分解决该衍生问题。综合考虑 SO 模型需要对优化结果作非线性指数运算处理，而 Weberized 模型的解依赖于初始值的设定和数值化方法，这里选择 I-divergence 模型作分数阶拓展，提出一种分数阶 I-divergence 模型，即

$$\hat{\boldsymbol{u}}=\underset{\boldsymbol{u}\in BV_{\alpha}}{\arg\min}\left\{\int_{\Omega}(\boldsymbol{u}-\boldsymbol{f}\log_{10}\boldsymbol{u})\mathrm{d}x+\lambda\int_{\Omega}\left|\nabla^{\alpha}\boldsymbol{u}\right|\mathrm{d}x\right\}\tag{5.12}$$

式中，

$$\begin{cases}\int_{\Omega}\left|\nabla^{\alpha}\boldsymbol{u}\right|\mathrm{d}x=\sum\limits_{\substack{1\leqslant i\leqslant M\\1\leqslant j\leqslant N}}\left|(\nabla^{\alpha}\boldsymbol{u})_{i,j}\right|\\\left|(\nabla^{\alpha}\boldsymbol{u})_{i,j}\right|=\sqrt{[(\Delta_1^{\alpha}\boldsymbol{u})_{i,j}]^2+[(\Delta_2^{\alpha}\boldsymbol{u})_{i,j}]^2}\end{cases}\tag{5.13}$$

由定义可知，分数阶微分是一个全局算子，较传统的一阶微分算子能考虑更多的图像邻域信息，保护更多的图像细节特征，缓解“阶梯效应”现象。理论上讲，分数阶微分算子可由无限项组成，但在图像处理应用中，一般取$K=\min\{M,N\}$。

针对模型［式（5.12）］的求解，如采用经典的欧拉-拉格朗日方程方法，需要计算一个不可微函数（分数阶正则项）的导数。考虑到这一问题，这里采用一种原始对偶模型替代求解。首先给出分数阶正则项的对偶函数。

定理 4.1 中已经证明了，在二维向量空间Y中，对于任意的二维变量$\boldsymbol{p}=(\boldsymbol{p}^1,\boldsymbol{p}^2)\in Y$，$\left|\boldsymbol{p}_{i,j}\right|=\sqrt{(p_{i,j}^1)^2+(p_{i,j}^2)^2}\leqslant 1$，满足$\int_{\Omega}\left|\nabla^{\alpha}\boldsymbol{u}\right|\mathrm{d}x=\sup\limits_{\boldsymbol{p}\in Y}<\nabla^{\alpha}\boldsymbol{u},\boldsymbol{p}>$。

令 $F(\boldsymbol{u})=\int_{\Omega}\left|\nabla^{\alpha}\boldsymbol{u}\right|\mathrm{d}x$，则其对偶函数 $F_{\boldsymbol{P}}^{*}(\boldsymbol{p})$ 满足

$$F_{\boldsymbol{P}}^{*}(\boldsymbol{p})=\begin{cases}0 & \boldsymbol{p}\in\boldsymbol{P}\\ +\infty & \boldsymbol{p}\notin\boldsymbol{P}\end{cases} \tag{5.14}$$

式中，$\boldsymbol{P}=\{\boldsymbol{p}\in\boldsymbol{Y}:\|\boldsymbol{p}\|_{\infty}=\max\limits_{i,j}\left|\boldsymbol{p}_{i,j}\right|\leqslant 1\}$ 表示对偶空间。

依据上述分析，本章提出一种分数阶 I-divergence 原始对偶模型，即分数阶 I-divergence 模型的原始对偶描述，表示为

$$\min_{\boldsymbol{u}\in X}\max_{\boldsymbol{p}\in Y}<\nabla^{\alpha}\boldsymbol{u},\boldsymbol{p}>+\lambda(\boldsymbol{u}-\boldsymbol{f}\log_{10}\boldsymbol{u})-F_{\boldsymbol{P}}^{*}(\boldsymbol{p}) \tag{5.15}$$

原始模型［式（5.12）］和原始对偶模型［式（5.15）］等效于

$$\max_{\boldsymbol{p}\in Y}<\frac{\boldsymbol{f}\lambda}{\lambda+\nabla^{\alpha^*}\boldsymbol{p}},\nabla^{\alpha^*}\boldsymbol{p}>+\frac{\lambda^2\boldsymbol{f}}{\lambda+\nabla^{\alpha^*}\boldsymbol{p}}-\boldsymbol{f}\lambda\log_{10}\frac{\boldsymbol{f}\lambda}{\lambda+\nabla^{\alpha^*}\boldsymbol{p}}-F_{\boldsymbol{P}}^{*}(\boldsymbol{p}) \tag{5.16}$$

5.4 数值算法

5.4.1 算法描述

研究发现，分数阶 I-divergence 原始对偶模型与鞍点优化模型具有结构相似性。其中，具有鞍点结构的优化模型可表示为

$$\min_{\boldsymbol{x}\in X}\max_{\boldsymbol{y}\in Y}<\boldsymbol{A}\boldsymbol{x},\boldsymbol{y}>+G(\boldsymbol{x})-F^{*}(\boldsymbol{y}) \tag{5.17}$$

式中，$\boldsymbol{X}$ 和 $\boldsymbol{Y}$ 表示有限维实向量空间；$<\cdot,\cdot>$ 表示标准的欧式内积；$\boldsymbol{A}$ 表示任意线性算子；G 和 F 表示任意函数；F^{*} 表示 F 的拓扑对偶。

将优化模型中变量 $\boldsymbol{x}$ 看成原始变量，变量 $\boldsymbol{y}$ 看成对偶变量，则可将鞍点问题看成是如下原始问题和对偶问题的原始对偶描述。其中，原始问题可表示为

$$\min_{\boldsymbol{x}\in X}F(\boldsymbol{A}\boldsymbol{x})+G(\boldsymbol{x}) \tag{5.18}$$

对偶问题可表示为

$$\max_{y\in Y} -[G^*(-A^* y)+F^*(y)] \tag{5.19}$$

不难看出，分数阶 I-divergence 原始对偶模型可与鞍点优化模型建立对应关系，即 $A=\nabla^\alpha$， $G(u)=\lambda(u-f\log u)$， $F^*(p)=F_P^*(p)$。

针对鞍点优化模型的求解，文献[93]中提出了一种基于预解式的原始对偶数值计算方法，见算法 3.1。考虑到分数阶 I-divergence 原始对偶模型中，∇^α 为线性算子，数据保真项 $G(u)=\lambda(u-f\log_{10}u)$ 为凸函数，满足该算法的前提条件，故可采用该数值算法实现图像乘性噪声去除的优化过程，实现了自适应变步长迭代，可有效提高寻优效率，弥补了一些传统数值算法对步长要求过高的缺陷。

在数值算法实现中，需要确定预解算子 $(I+\sigma\nabla F^*)^{-1}$、$(I+\tau\nabla G)^{-1}$ 和线性算子 A。因为 $F^*(p)=F_P^*(p)$， $G(u)=\lambda(u-f\log_{10}u)$，所以

$$p=(I+\sigma\nabla F^*)^{-1}(\tilde{p}) \Leftrightarrow p_{i,j}=\frac{\tilde{p}_{i,j}}{\max(1,|\tilde{p}_{i,j}|)} \tag{5.20}$$

$$u=(I+\tau\nabla G)^{-1}(\tilde{u}) \Leftrightarrow u_{i,j}=\frac{-(\tau\lambda-\tilde{u})+\sqrt{(\tau\lambda-\tilde{u})^2+4\tau\lambda f_{i,j}}}{2} \tag{5.21}$$

式中， $\tilde{p}=p+\sigma A\bar{u}$； $\tilde{u}=u-\tau A^* p$； $A=\nabla^\alpha$。

基于上述分析，本章提出一种可替代求解分数阶 I-divergence 模型的分数阶 I-divergence 原始对偶算法，见算法 5.1。

算法 5.1 分数阶 I-divergence 原始对偶算法

步骤 1 初始化：给定初始步长 $\tau_0,\sigma_0>0$，且满足 $\tau_0\sigma_0 H^2\leqslant 1$。令 $(u^0,p^0)\in X\times Y$， $\bar{u}^0=u^0$。

步骤 2 计算：

$$\begin{cases} p^{n+1}=(p^n+\sigma_n\nabla^\alpha\bar{u}^n)/\max(1,|p^n+\sigma_n\nabla^\alpha\bar{u}^n|) \\ u^{n+1}=\dfrac{-(\tau\lambda-u^n+\tau\nabla^{\alpha^*}p^{n+1})+\sqrt{(\tau\lambda-u^n+\tau\nabla^{\alpha^*}p^{n+1})^2+4\tau\lambda f}}{2} \\ \theta_n=1/\sqrt{1+2\gamma\tau_n},\tau_{n+1}=\theta_n\tau_n,\sigma_{n+1}=\sigma_n/\theta_n \\ \bar{u}^{n+1}=u^{n+1}+\theta_n(u^{n+1}-u^n) \end{cases} \tag{5.22}$$

步骤3 计算原始对偶间隔：定义

$$\varsigma(u,p)=\max_{p'\in Y}<\boldsymbol{p}',A\boldsymbol{u}>-F^*(\boldsymbol{p}')+G(\boldsymbol{u})-\min_{u'\in X}<\boldsymbol{p},A\boldsymbol{u}'>-F^*(\boldsymbol{p})+G(\boldsymbol{u}') \tag{5.23}$$

当ς满足给定的迭代终止条件时，迭代终止；否则，令$n=n+1$，转步骤2。

5.4.2 收敛性分析

文献[93]中提出并证明了基于预解式的原始对偶算法的收敛性，但需满足参数H的定义，故这里需求取参数H的取值范围。令$w_i=(-1)^i C_i^\alpha$，因为

$$\begin{aligned}
\left|\nabla^\alpha \boldsymbol{p}\right|^2 &= \left|\overline{(-1)^\alpha}\operatorname{div}^\alpha \boldsymbol{p}\right|^2=\sum_{i,j}(w_0 p_{i,j}^1+w_1 p_{i+1,j}^1+\cdots+w_{K-1}p_{i+K-1,j}^1+w_0 p_{i,j}^2+\\
&\quad w_1 p_{i,j+1}^2+\cdots+w_{K-1}p_{i,j+K-1}^2)^2\leqslant 2K\times\sum_{i,j}(w_0 p_{i,j}^1)^2+(w_0 p_{i,j}^2)^2+\\
&\quad (w_1 p_{i+1,j}^1)^2+(w_1 p_{i,j+1}^2)^2+\cdots+(w_{K-1}p_{i+K-1,j}^1)^2+(w_{K-1}p_{i,j+K-1}^2)^2\leqslant\\
&\quad 2K\times(w_0^2+w_1^2+\cdots+w_{K-1}^2)\left|\boldsymbol{p}\right|^2\leqslant 2K\times(w_0^2+w_1^2+\cdots+w_{K-1}^2)
\end{aligned} \tag{5.24}$$

所以，参数H有界，能确保算法5.1的收敛性，即

$$H=\max\left|\nabla^\alpha \boldsymbol{p}\right|=\max\left|\overline{(-1)^\alpha}\operatorname{div}^\alpha \boldsymbol{p}\right|\leqslant\sqrt{2K\sum_{k=0}^{K-1}w_k^2}. \tag{5.25}$$

5.4.3 参数选择

由于算法5.1中正则化参数λ的取值对去噪性能起到重要的作用，下面将研究λ的选取策略问题。考虑到基于平衡原理的方法已成功应用于图像修复变分模型中正则化参数的选取，并且该方法无需噪声的先验知识，这里在去噪优化的每个迭代步骤均基于平衡原理自适应调整λ，以满足

$$(\mu-1)(\boldsymbol{u}-\boldsymbol{f}\log\boldsymbol{u})-\lambda\left|\nabla^\alpha\boldsymbol{u}\right|=0 \tag{5.26}$$

式中，参数$\mu>1$（且足够接近于1)，用于控制数据保真项和正则项间的相对权重。该方法的基本理念亦是平衡去噪优化的数据保真能力和平滑调整能力。

定理5.1 令$\kappa(\lambda,\boldsymbol{u})=(\mu-1)(\boldsymbol{u}-\boldsymbol{f}\log\boldsymbol{u})-\lambda|\nabla^\alpha\boldsymbol{u}|$，则$\kappa(\lambda,\boldsymbol{u})$是关于参数$\lambda$

的单调递减函数，并且

$$\kappa(\lambda_{n+1}, \boldsymbol{u}_n) = 0 \tag{5.27}$$

有唯一解。

证明：函数 $\kappa(\lambda,\boldsymbol{u})$ 关于 λ 的一阶导数为

$$\frac{\partial \kappa(\lambda,\boldsymbol{u})}{\partial \lambda} = -\left|\nabla^{\alpha}\boldsymbol{u}\right| \tag{5.28}$$

可见，函数 $\kappa(\lambda,\boldsymbol{u})$ 是关于正则化参数 λ 的单调递减函数，同时因为限制了参数 $\lambda>0$，所以能确保式（5.27）解的唯一性。

事实上，基于 MATLAB 数学工具可以得到参数 λ 的数值解。通过上述对模型去噪性能和边缘保护能力的均衡，本章提出一种求解分数阶 I-divergence 模型的分数阶自适应调整 I-divergence 算法，见算法 5.2。

算法 5.2 分数阶自适应调整 I-divergence 算法

步骤 1 初始化：给定初始步长 $\tau_0,\sigma_0>0$，且满足 $\tau_0\sigma_0 H^2 \leqslant 1$。令 $(\boldsymbol{u}^0,\boldsymbol{p}^0)\in \boldsymbol{BV}_\alpha \times \boldsymbol{Y}$，$\bar{\boldsymbol{u}}^0=\boldsymbol{u}^0$。

步骤 2 计算：

$$\begin{cases} \boldsymbol{p}^{n+1} = (\boldsymbol{p}^n + \sigma_n \nabla^{\alpha}\bar{\boldsymbol{u}}^n)/\max(1,\left|\boldsymbol{p}^n + \sigma_n\nabla^{\alpha}\bar{\boldsymbol{u}}^n\right|) \\ \text{solve}\ \kappa(\lambda_{n+1},\boldsymbol{u}_n)=0 \\ \boldsymbol{u}^{n+1} = \dfrac{-(\tau\lambda - \boldsymbol{u}^n + \tau\nabla^{\alpha *}\boldsymbol{p}^{n+1}) + \sqrt{(\tau\lambda-\boldsymbol{u}^n+\tau\nabla^{\alpha *}\boldsymbol{p}^{n+1})^2+4\tau\lambda \boldsymbol{f}}}{2} \\ \theta_n = 1/\sqrt{1+2\gamma\tau_n}, \tau_{n+1}=\theta_n\tau_n, \sigma_{n+1}=\sigma_n/\theta_n \\ \bar{\boldsymbol{u}}^{n+1} = \boldsymbol{u}^{n+1} + \theta_n(\boldsymbol{u}^{n+1}-\boldsymbol{u}^n) \end{cases} \tag{5.29}$$

步骤 3 终止条件：

$$\varsigma(\boldsymbol{u},\boldsymbol{p}) = \max_{\boldsymbol{p}'\in \boldsymbol{Y}} <\boldsymbol{p}',\nabla^{\alpha}\boldsymbol{u}> - F^*(\boldsymbol{p}') + G(\boldsymbol{u}) - \min_{\boldsymbol{u}'\in \boldsymbol{BV}_\alpha} <\boldsymbol{p},\nabla^{\alpha}\boldsymbol{u}'> - F^*(\boldsymbol{p}) + G(\boldsymbol{u}') \leqslant \varepsilon \tag{5.30}$$

其中，$\varsigma(\boldsymbol{u},\boldsymbol{p})$ 是分数阶 I-divergence 原始问题[式(5.12)]和其对偶问题[式(5.16)]的函数差值，简称原始对偶间隔，理论上讲，当该值为零时，$(\boldsymbol{u},\boldsymbol{p})$ 收敛到鞍点。

当该迭代终止条件满足时，迭代终止；否则，令 $n=n+1$，转步骤 2。

5.5 数值实验与分析

下面将通过数值实验结果说明分数阶自适应调整 I-divergence 算法的优势，并验证正则化参数选取策略对去噪效果的影响。考虑到算法中需要计算线性算子 ∇^{α} 的伴随算子 $\nabla^{\alpha*}$，实验中首先对图像作向量化处理，即通过逐行扫描的方式，将图像矩阵转换为列向量。

实验中算法参数设定如下：初始步长 $\sigma_0 = \tau_0 = 1/H$，为了保证数据项 $G(\boldsymbol{u})$ 的一致凸特性，应满足 $\gamma = c\lambda$，其中，$c \in (0,1]$，这里令 $c = 0.7$。下面将分析比较本章提出的模型和算法的有效性和优越性。

5.5.1 正则化参数的选取

正则化参数 λ 用于平衡去噪后图像的保真性和平滑性，下面研究基于平衡原理的正则化参数选取策略中，影响其取值的几个因素。选取标准图像“Cameraman”“Barbara”“Boat”和“Peppers”作为测试图像，图像大小均为 512px×512px，如图 5.1 所示。

（a）Cameraman

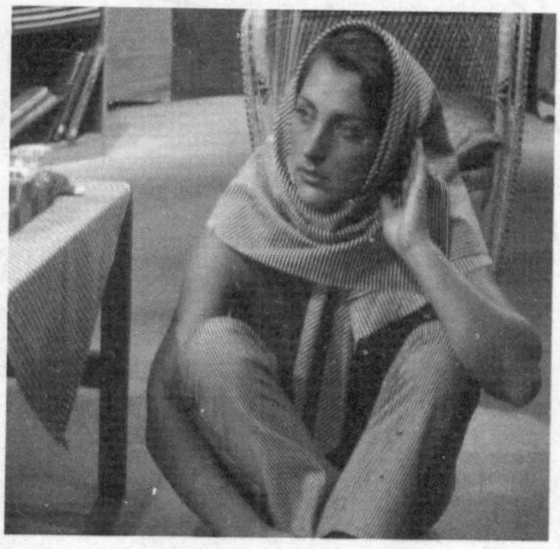

（b）Barbara

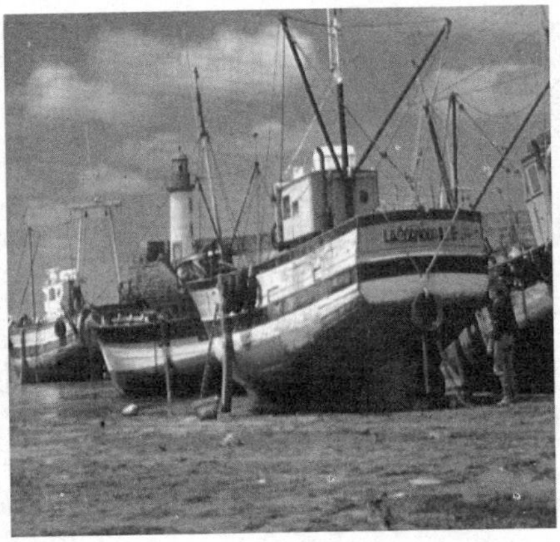

（c）Boat

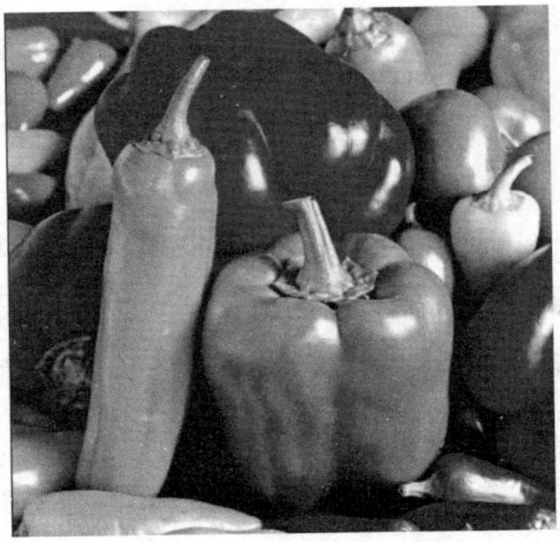

（d）Peppers

图 5.1　测试图像

1．多视处理对正则化参数选取的影响

由于正则化参数能平衡变分去噪的边缘保护能力和内容平滑能力，而多视处理也能影响图像的平滑度，所以这里测试多视处理对正则化参数选取的影响。设定测试图像的多视系数分别为 $L=5,10,25,33$ 比较测试图像在不同程度多视处理作用下，去噪寻优过程中正则化参数的自适应选取情况如图 5.2 所示。实验参数设定如下：$\mu=1.1$，$\lambda_0=1$，$\alpha=1.0$。

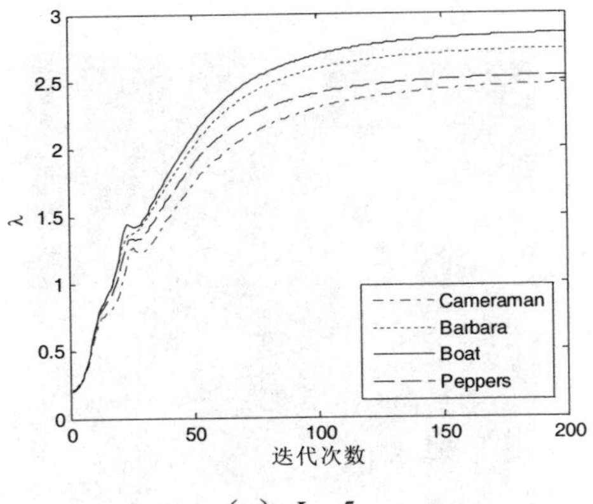

（a）$L=5$

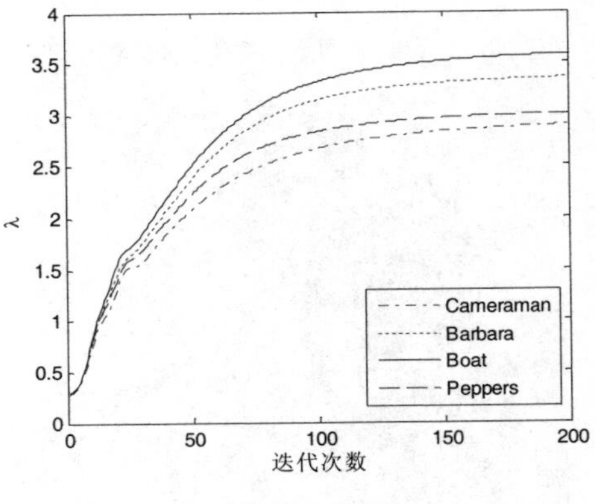

（b）$L=10$

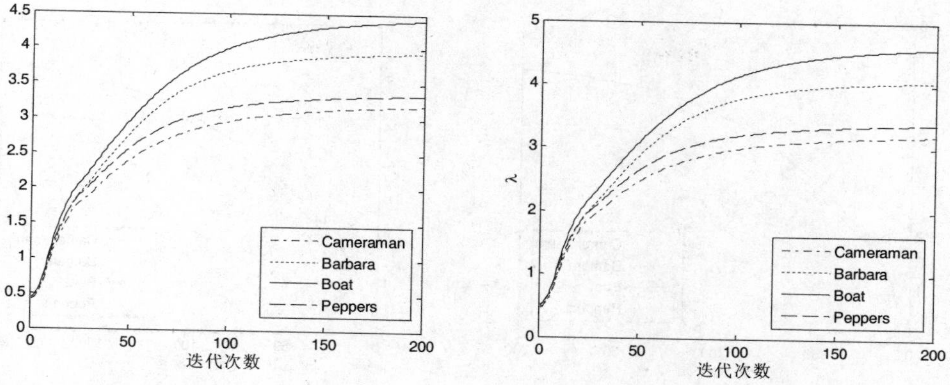

（c） $L=25$ （d） $L=33$

图 5.2 不同多视系数下正则化参数的自适应选取情况

可见，随着多视系数的增大，正则化参数的稳态值亦增大，又因为多视处理广泛应用于减小接收信号的噪声方差，所以该结果表明，在强噪声情况下（多视系数较小时）应选取较小的正则化参数。

2. 分数阶次对正则化参数选取的影响

由于正则化参数能平衡去噪处理的边缘保护能力和内容平滑能力，而分数阶次的选取也能影响去噪图像的平滑度，所以这里测试分数阶次对正则化参数选取的影响。测试图像在不同分数阶次作用下，去噪寻优过程中正则化参数的自适应选取情况如图 5.3 所示。实验参数设定如下： $\mu=1.1$， $\lambda_0=1$， $L=33$ 。

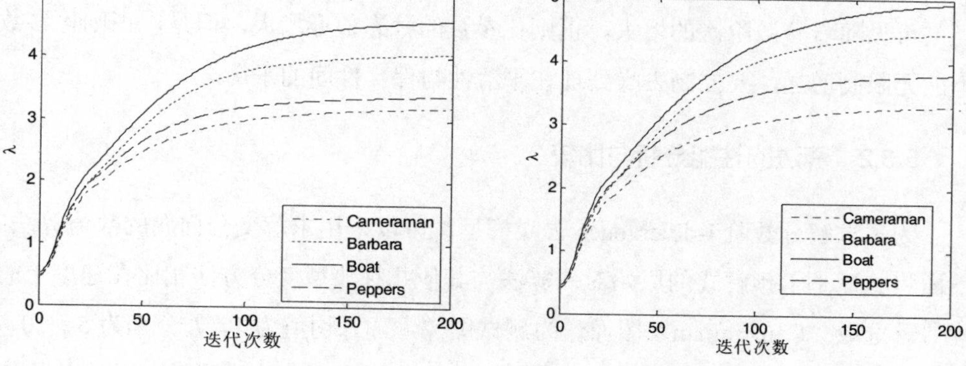

（a） $\alpha=1.0$ （b） $\alpha=1.2$

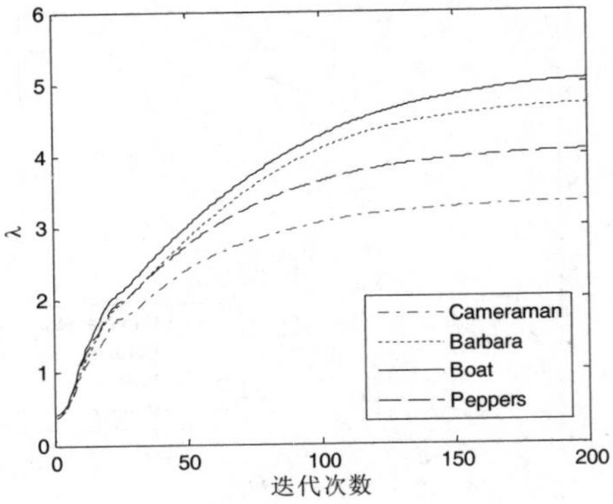

（c） $\alpha=1.4$

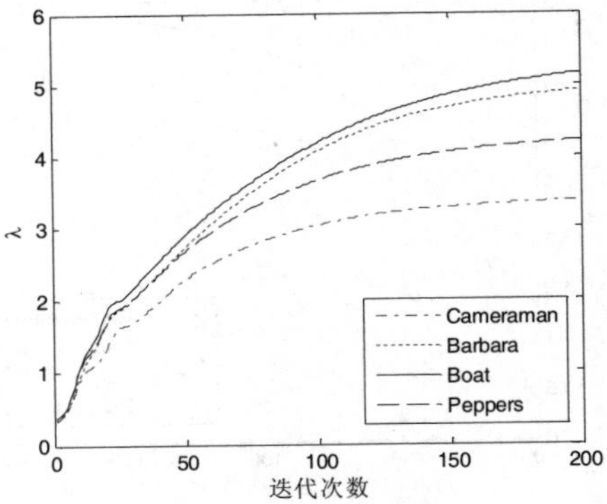

（d） $\alpha=1.6$

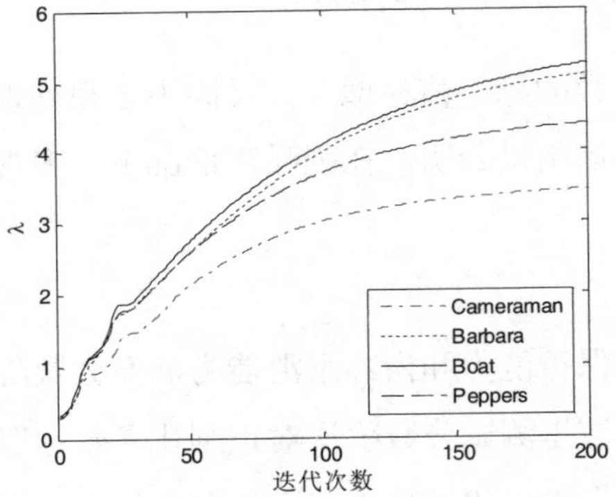

（e） $\alpha=1.8$

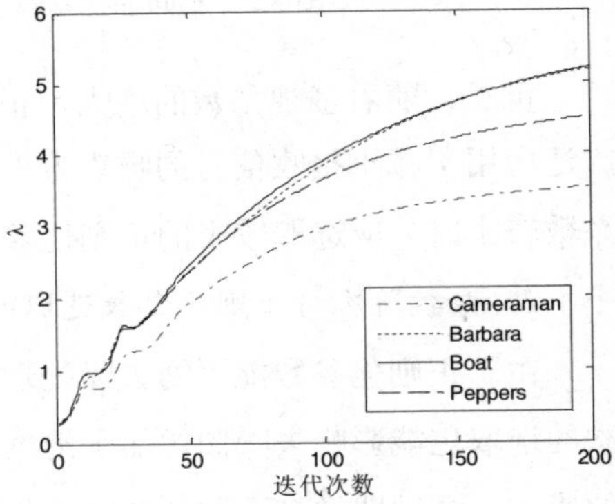

（f） $\alpha=2.0$

图 5.3　不同分数阶次下正则化参数的自适应选取情况

可见随着分数阶次的增大，正则化参数的稳态值亦增大。但是，正则化参数不能无限制增加，要控制去噪处理在平滑性与保真性间的平衡。

5.5.2　算法的性能分析与比较

为了求解分数阶 I-divergence 去噪模型，可以采用求解变分问题的数值算法。下面将验证基于预解式的原始对偶算法与其他几种典型变分方法相比在速度上的优势。选取“Cameraman”图像作为测试图像，加入均值为 1，L 分别为 5、10、25 和 33 的 Gamma 乘性噪声。为了验证本章提出的算法在变分数值算法中的快速性优势，将其与梯度下降算法[33]、增广拉格朗日算法[106]和 Bregman 分裂算法[107]

等经典算法进行比较，当$\alpha=1.0$，$\lambda=8$，解的均方根误差$\varepsilon\leqslant10^{-3}$及$\varepsilon\leqslant10^{-4}$时几种算法迭代次数和CPU运算时间的比较见表5.1。

表5.1 几种变分算法迭代次数和CPU运算时间的比较

L	文献[33]		文献[106]		文献[107]		本章算法	
	$\varepsilon\leqslant10^{-3}$	$\varepsilon\leqslant10^{-4}$	$\varepsilon\leqslant10^{-3}$	$\varepsilon\leqslant10^{-4}$	$\varepsilon\leqslant10^{-3}$	$\varepsilon\leqslant10^{-4}$	$\varepsilon\leqslant10^{-3}$	$\varepsilon\leqslant10^{-4}$
5	—	—	19 (2.84s)	70 (10.11s)	2 (12.33s)	2 (12.45s)	10 (0.26s)	21 (0.52s)
10	—	—	12 (1.83s)	46 (6.84s)	2 (12.47s)	2 (12.63s)	12 (0.28s)	25 (0.57s)
25	631 (8.12s)	—	11 (1.71s)	29 (4.39s)	2 (12.44s)	2 (12.66s)	14 (0.33s)	30 (0.72s)
33	512 (6.49s)	—	12 (1.84s)	25 (3.79s)	2 (12.41s)	2 (12.58s)	14 (0.35s)	33 (0.79s)

不难看出，基于预解式的原始对偶算法在速度上明显优于其他测试算法，本章将该算法扩展到分数阶，用于解决图像的乘性噪声去除问题。由定义可知，与一阶局域算子相比，分数阶全局算子的实现将耗用更多的运行时间。当$\lambda=8$，解的均方根误差$\varepsilon\leqslant10^{-4}$时，在不同分数阶次情况下分数阶I-divergence原始对偶算法的迭代次数和CPU运算时间的比较见表5.2。

表5.2 不同分数阶次下I-divergence原始对偶算法的迭代次数和CPU运算时间的比较

L	$\alpha=1.2$	$\alpha=1.4$	$\alpha=1.6$	$\alpha=1.8$
5	68 (2.11s)	74 (2.31s)	81 (2.52s)	89 (2.78s)
10	78 (2.47s)	86 (2.69s)	94 (2.93s)	104 (3.24s)
25	94 (2.95s)	102 (3.19s)	111 (3.02s)	112 (3.71s)
33	98 (3.04s)	106 (3.31s)	113 (3.51s)	119 (3.97s)

实验结果表明，随着分数阶次的增加，分数阶I-divergence原始对偶算法的收

敛速度变慢，但在不同噪声强度下均能有效收敛。该算法的收敛性，还可以通过跟踪模型对应的原始问题［式（5.12）］和对偶问题［式（5.16）］的能量函数差值，即原始对偶间隔的变化情况来验证。从理论上讲，原始对偶间隔等于零时，模型的解可收敛于鞍点，即达到最优解。图 5.4 所示为几个典型分数阶次情况下去噪迭代过程中原始对偶间隔的变化曲线。结果表明，算法能在有限迭代次数内快速收敛于鞍点。

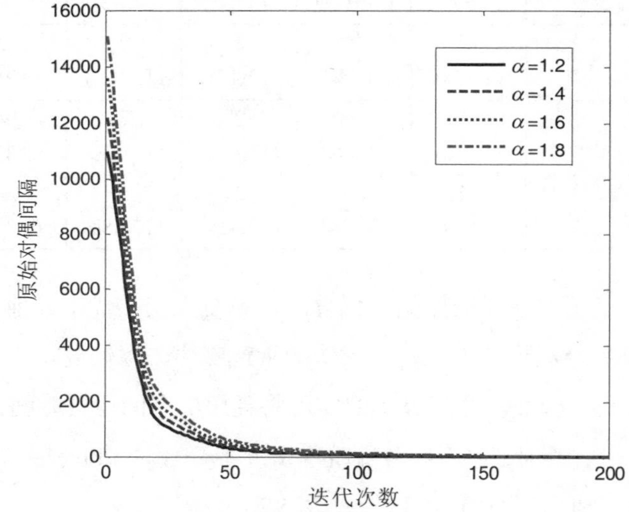

图 5.4　几个典型分数阶次下去噪迭代过程中原始对偶间隔的变化曲线

5.5.3　模型的性能分析与比较

考虑到分数阶微分的频率特性，本章将传统的一阶 I-divergence 模型扩展到了分数阶。图 5.5 所示为当 $\alpha \in [1.0, 2.0]$ 时，几个典型分数阶微分的幅频特性响应曲线。

不难看出，在甚低频部分（$0<\omega<1$），对应于图像的平滑区域，分数阶微分与一阶微分对图像的增强能力相似。但在中频和高频部分（$\omega>1$），分数阶微分对图像的增强能力明显优于一阶微分。可见，分数阶微分有利于增强图像的中频纹理和高频边缘信息。下面将测试分数阶 I-divergence 模型的去噪性能。

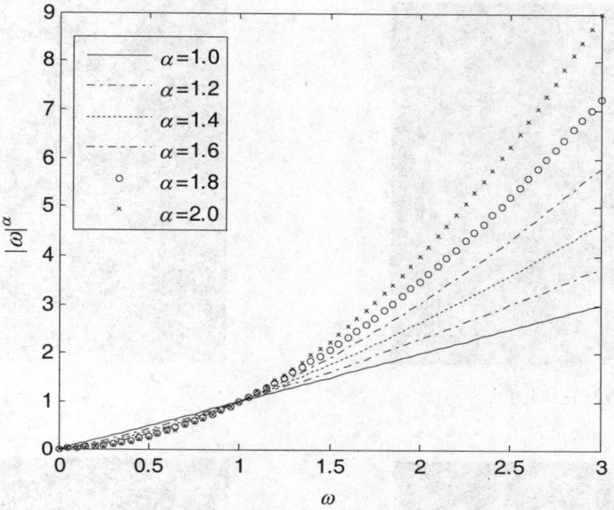

图 5.5 几个典型分数阶微分的幅频特性响应曲线

1. 固定正则化参数

为了显示分数阶微分在分数阶 I-divergence 模型中的作用，这里固定正则化参数，并选取含有乘性噪声的临床心脏超声图像作为测试图像，分析比较不同分数阶次下该模型的去噪效果，如图 5.6 所示。为了测试分数阶微分在模型中的作用，固定调整参数 $\lambda = 4$，令迭代次数 $n = 200$，分数阶次 $\alpha \in (0,3)$。

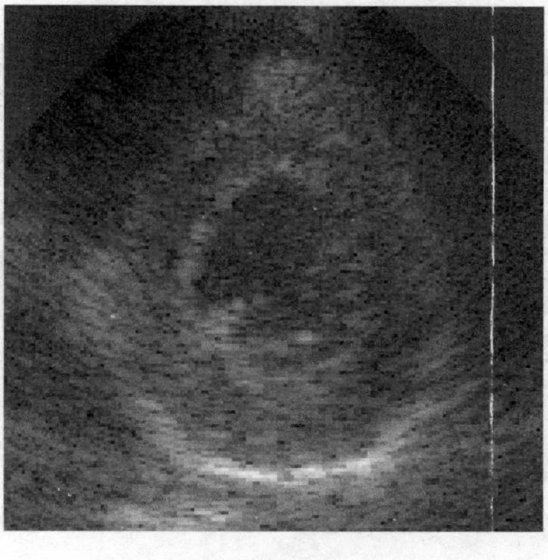

（a）噪声图像

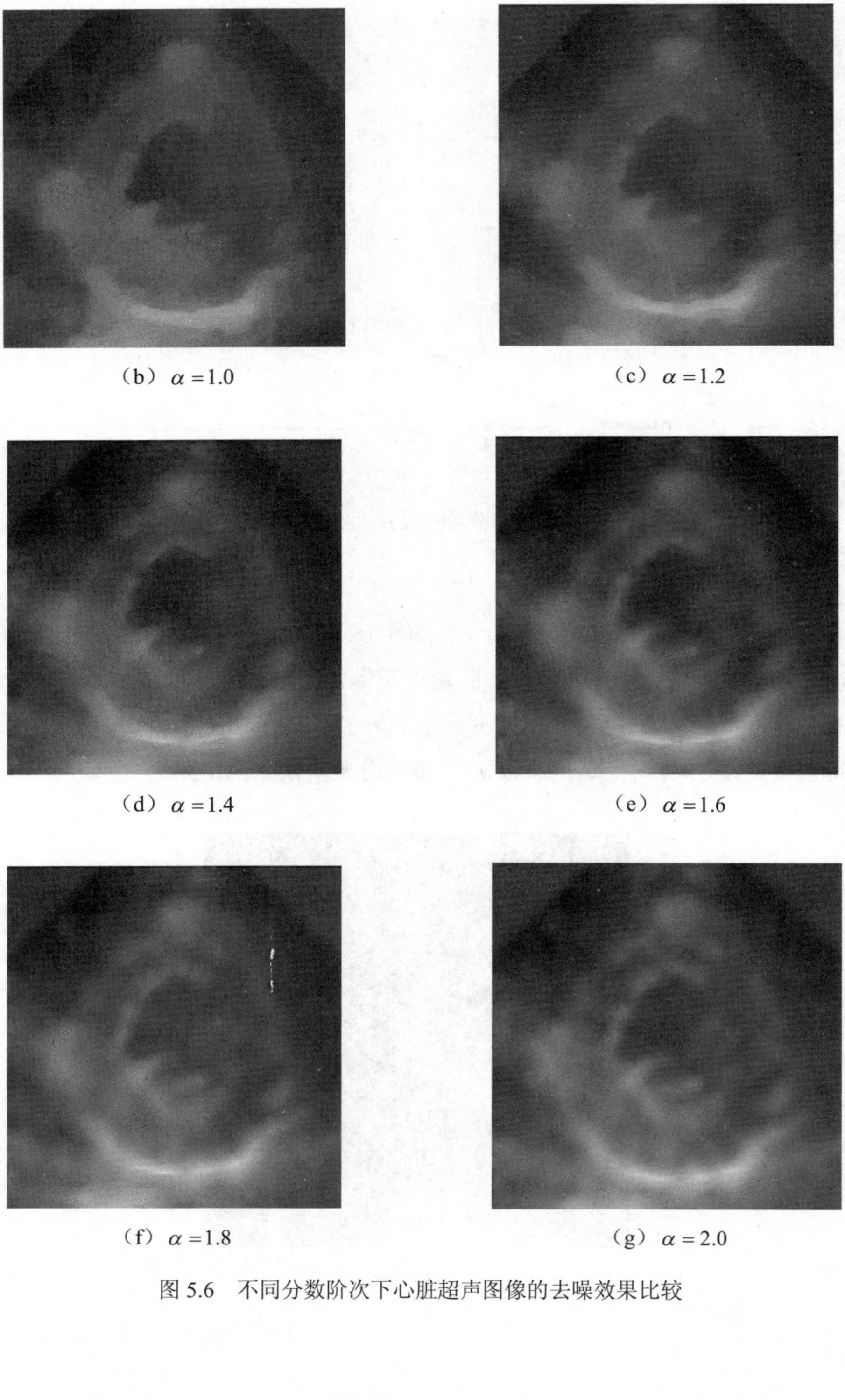

（b） $\alpha=1.0$　　（c） $\alpha=1.2$

（d） $\alpha=1.4$　　（e） $\alpha=1.6$

（f） $\alpha=1.8$　　（g） $\alpha=2.0$

图 5.6　不同分数阶次下心脏超声图像的去噪效果比较

实验结果表明，随着分数阶次α的增加图像的细节保护能力得到有效增强，但同时也残留更多的乘性噪声成分。综合考虑分数阶 I-divergence 模型对噪声的抑制能力和对图像细节特征的保护能力，本章选取$\alpha \in (1,2)$。

图 5.6 中可清晰看出本章提出的分数阶模型与一阶模型相比，能有效缓解“阶梯效应”，保留更多的纹理和边缘细节信息；与二阶模型相比，能更有效的去除噪声。但随着分数阶次的增加，也残留更多的乘性噪声成分，这一结果符合前面关于分数阶微分频率特性的分析。

下面选取“Cameraman”图像作为测试图像，并加入均值为 1，L 为 33 的 Gamma 乘性噪声。设定实验的迭代次数$n=200$，$\lambda=2$，比较不同分数阶次情况下的去噪效果，如图 5.7 所示。

（a）噪声图像

（b）$\alpha=1.0$

（c）$\alpha=1.2$

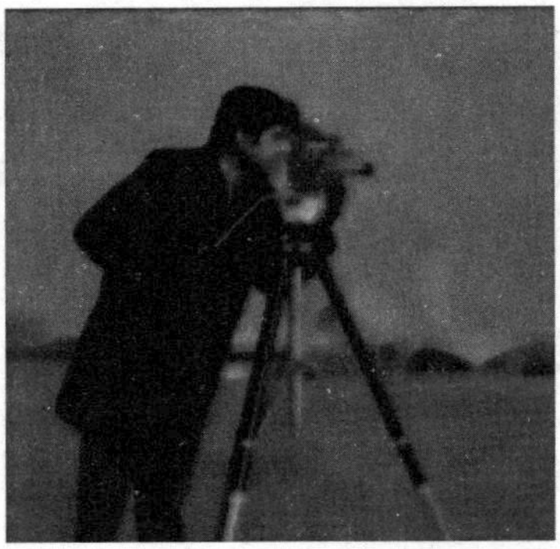

（d）$\alpha = 1.4$

（e）$\alpha = 1.6$

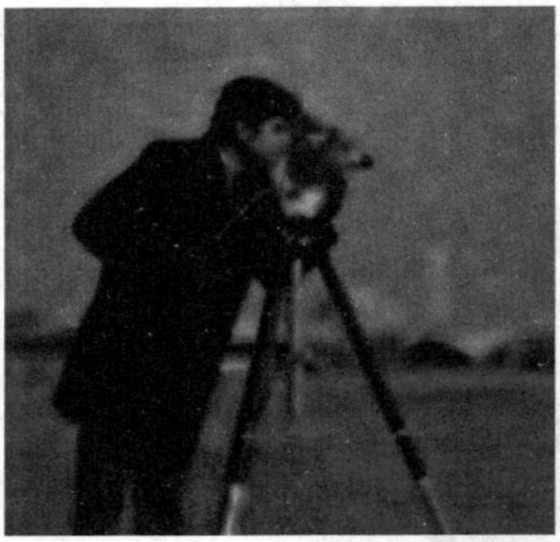

（f）$\alpha = 1.8$

（g）$\alpha = 2.0$

图 5.7　不同阶次下“Cameraman”图像去噪效果比较

图中可清晰看出一阶模型作用下，存在明显的“阶梯效应”，即分段平滑现象。而分数阶模型作用下，一些高频背景楼宇边缘信息和一些中频水波纹理信息能有效保留，但随着分数阶次的增加，也残留了更多的乘性噪声成分。与二阶模型相比，分数阶模型噪声去除能力更强。这一结果符合前面关于分数阶微分频率特性的分析。

2. 自适应选取正则化参数

下面基于平衡原理自适应调整正则化参数，测试分数阶模型的去噪性能。选取图 5.1 中的“Barbara”图像作为测试图像，并加入均值为 1，L=25 的 Gamma 乘性噪声。图 5.8 所示为当迭代次数 $n = 200$ 时，不同分数阶次情况下去噪后图像和其局部放大效果的比较。

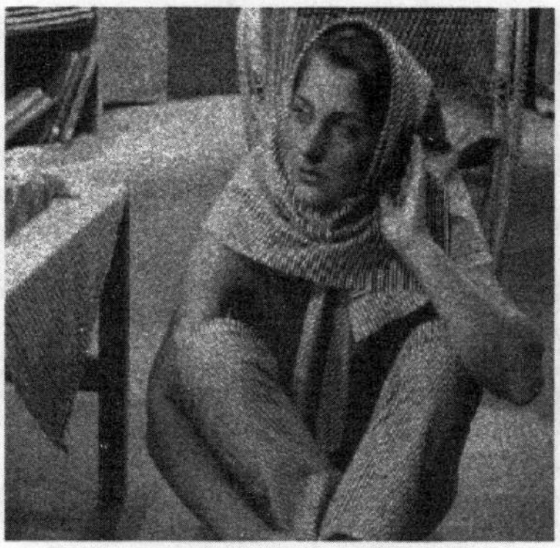

（a）噪声图像

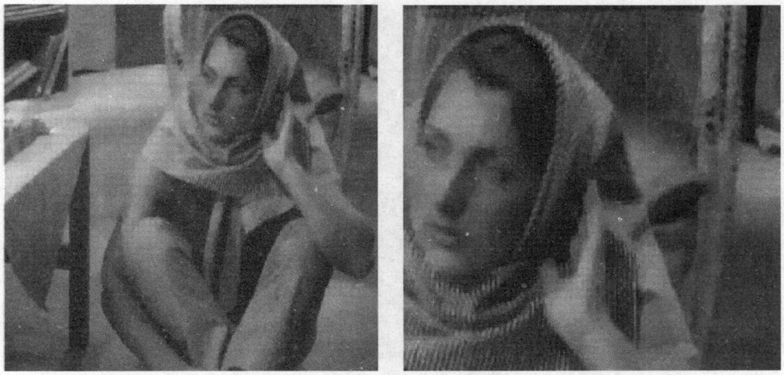

（b） $\alpha=1.0$

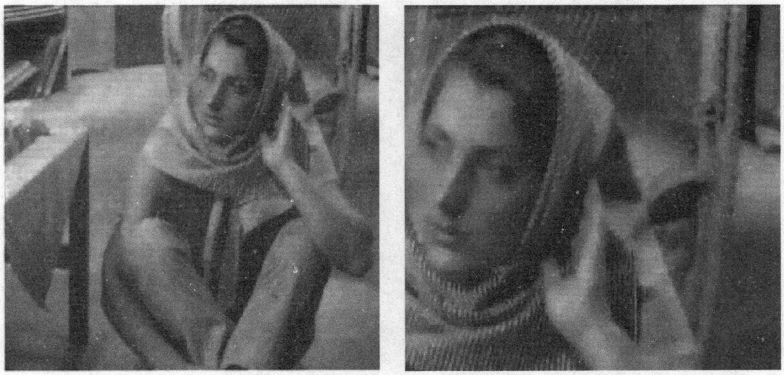

（c） $\alpha=1.2$

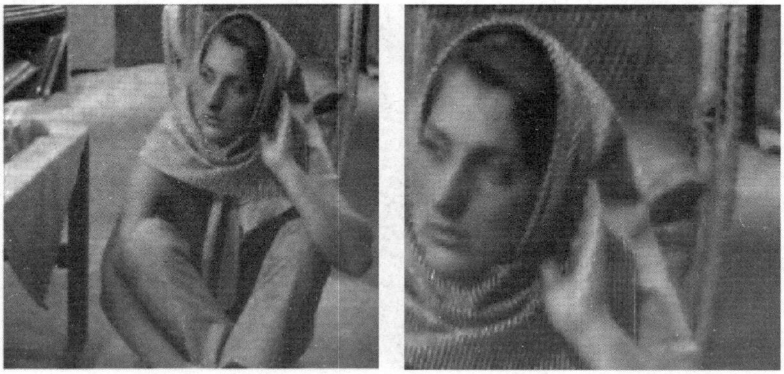

（d） $\alpha=1.4$

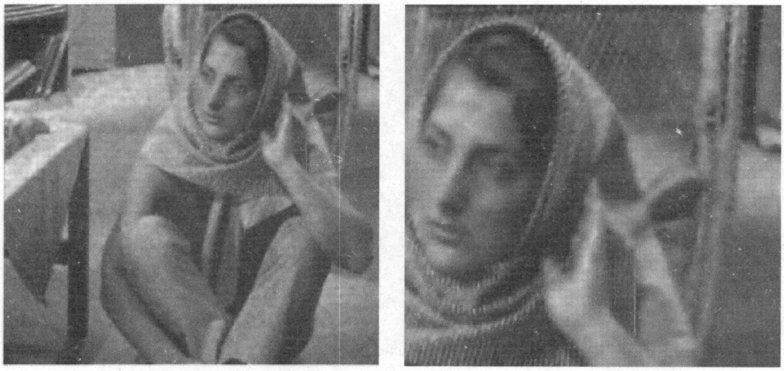

（e） $\alpha=1.6$

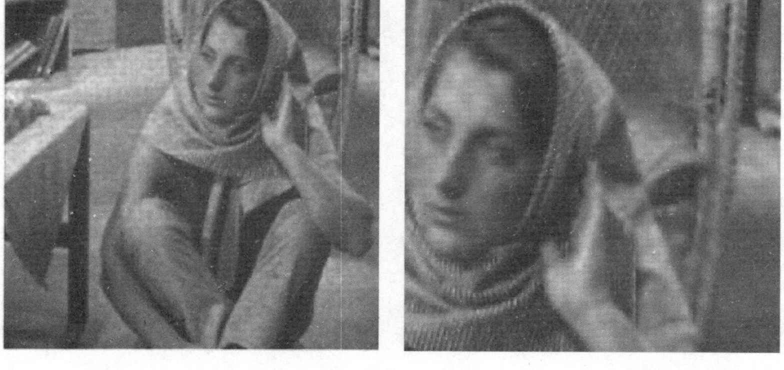

（f） $\alpha=1.8$

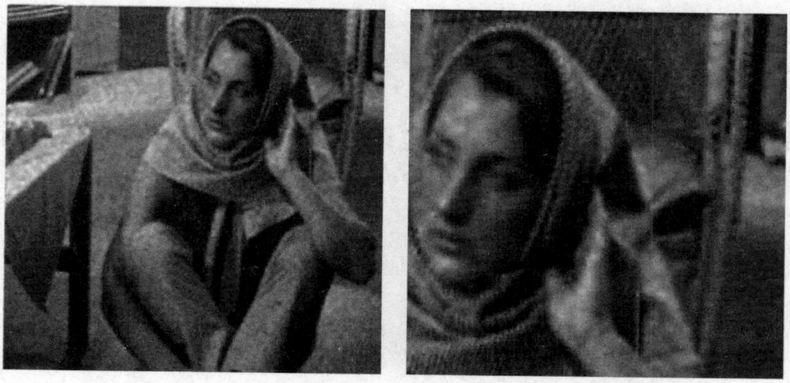

（g）$\alpha = 2.0$

图 5.8　不同分数阶次情况下去噪后图像及其局部放大效果的比较

实验结果表明，正则化参数 λ 在平衡去噪模型的保真性和平滑性方面起到决定性作用，而分数阶变分调整对去噪图像起到微调和细节保护作用，当 $\alpha > 1$ 时，其与传统一阶 I-divergence 模型相比，“Barbara”图像的一些中频纹理特征能有效保留。但是，为了有效去除图像噪声，参数 α 不易设置太大。

5.6　本章小结

为了在抑制乘性噪声的同时，保持更多的图像细节信息，有效缓解“阶梯效应”现象，本章将著名的一阶 I-divergence 变分模型推广到分数阶，提出了一种凸乘性噪声去除模型。基于鞍点优化理论，本章提出了一种求解该模型的分数阶自适应数值算法，并作了收敛性分析。同时，为了平衡模型的边缘保护能力和保真性，本章基于平衡原理提出了一种无需噪声先验知识的正则化参数自适应选取策略。实验结果表明，本章提出的分数阶模型和算法在改善图像质量和快速性上均优于现有的一些经典方法。

第 6 章　基于分数阶边缘检测的目标分割算法

6.1　引言

对医学影像的处理在医学研究和临床应用中都起到重要作用。其中，医学影像分割技术在医学影像可视化、病理学定位和计算机辅助诊断中都有着重要的应用价值。

本章以医学影像为研究背景，研究基于边缘检测技术的图像目标分割算法，对于某一特定影像，该算法的目的就是将其分成若干个互不相交的具有独特性质的区域，从而可以提取出我们感兴趣的目标。

目前，越来越多的新技术已成功应用于相关领域的研究。例如，模糊理论[108]、形变模型[109]、遗传算法[110]、图割[111]等。边缘检测是图像分割的一种传统方法，该方法基本上可以分为两大类：一类是基于一阶导数的方法，即通过寻找图像一阶导数中的最大和最小值来检测边界，通常是将边界定位在梯度最大的方向；另一类是基于二阶导数的方法，考虑到图像一阶导数取最大值时，二阶导数为零，所以可以通过寻找图像二阶导数的零点来寻找边界。这两类方法均通过将特定的模板与图像进行卷积运算实现图像边界点的检测，但在检测效果上均有不同方面的缺陷。其中，一阶导数方法易产生较粗的边缘，致使检测结果中遗失图像的部分细节信息；二阶导数方法虽有较强的图像细节检测能力，但对噪声十分敏感。

为了解决上述问题，考虑到分数阶微分的频率特性和其运算上的全局性，一些学者将分数阶微积分理论应用于图像的边缘检测技术中。例如，Mathieu 等人[54]将分数阶微分引入到边缘检测问题中，提出了一种 CRONE 边缘检测模板。本章分别将经典的一阶 Sobel 边缘检测算子和二阶 Laplacian 边缘检测算子推广到分数阶模式用于提取医学影像的结构特征。实验结果表明，与整数阶微分相比，分数阶微分能检测更多的图像边缘细节特征，且对噪声的鲁棒性更强。

6.2 整数阶边缘检测算子

6.2.1 Sobel 算子

图像边缘通常产生于灰度值的不连续（或突变）处或者是图像灰度梯度的急剧升降处。对于一幅连续图像 $\boldsymbol{u}(x,y)$，它在位置(x,y)处的梯度可定义为

$$\nabla \boldsymbol{u}(x,y)=[G_x,G_y]^T \tag{6.1}$$

其中，G_x 和 G_y 分别表示沿 x 轴和 y 轴方向的梯度，可近似为

$$G_x=\boldsymbol{u}(x,y+1)-\boldsymbol{u}(x,y) \tag{6.2}$$

$$G_y=\boldsymbol{u}(x+1,y)-\boldsymbol{u}(x,y) \tag{6.3}$$

Sobel 检测是一个典型的基于一阶梯度的边缘检测方法，它利用一对 3×3 的模板（图 6.1）在图像上移动，并采取卷积运算的方式，以每个像素作为中心点计算其对应的梯度值，最终分别产生图像的水平梯度图和垂直梯度图。

−1	0	1
−2	0	2
−1	0	1

（a）G_x

−1	−2	−1
0	0	0
1	2	1

（b）G_y

图 6.1　Sobel 模板

这里，水平模板 G_x 作用下产生的水平梯度图对垂直边缘的响应较强；垂直模板 G_y 作用下产生的垂直梯度图对水平边缘的响应较强。模板中设定权值系数为 2，旨在通过强调中心点的作用来增强边缘检测的平滑性。

利用 Sobel 模板可作用于中心像素点的 3×3 邻域，这样沿 x 轴和 y 轴方向的梯度成分可分别采用下面形式近似，即

$$G_x = -\boldsymbol{u}(x-1,y-1)+\boldsymbol{u}(x-1,y+1)-2\boldsymbol{u}(x,y-1)+2\boldsymbol{u}(x,y+1) \\ -\boldsymbol{u}(x+1,y-1)+\boldsymbol{u}(x+1,y+1) \tag{6.4}$$

$$G_y = -\boldsymbol{u}(x-1,y-1)+\boldsymbol{u}(x+1,y-1)-2\boldsymbol{u}(x-1,y)+2\boldsymbol{u}(x+1,y) \\ -\boldsymbol{u}(x-1,y+1)+\boldsymbol{u}(x+1,y+1) \tag{6.5}$$

在数字图像中，如依据两个像素间的像素数计算 Δx 和 Δy，令 $\Delta x=\Delta y=2$，则梯度分量 G_x 和 G_y 的微分形式可分别表示为

$$G_x = \frac{1}{2}\left[\frac{\partial \boldsymbol{u}(x+1,y-1)}{\partial x}+2\frac{\partial \boldsymbol{u}(x+1,y)}{\partial x}+\frac{\partial \boldsymbol{u}(x+1,y+1)}{\partial x}\right] \tag{6.6}$$

$$G_y = \frac{1}{2}\left[\frac{\partial \boldsymbol{u}(x-1,y+1)}{\partial y}+2\frac{\partial \boldsymbol{u}(x,y+1)}{\partial y}+\frac{\partial \boldsymbol{u}(x+1,y+1)}{\partial y}\right] \tag{6.7}$$

6.2.2 Laplacian 算子

依据微积分理论，一阶导数的局部极大值对应二阶导数的零点，因此还可以通过图像二阶导数的零点检测图像边缘。对于一幅连续图像 $\boldsymbol{u}(x,y)$，它在位置 (x,y) 处的二阶梯度可定义为

$$\nabla^2 \boldsymbol{u}(x,y)=[G_x^2, G_y^2]^T \tag{6.8}$$

其中，G_x^2 和 G_y^2 分别表示沿 x 轴和 y 轴方向的二阶梯度，可近似为

$$G_x^2=\boldsymbol{u}(x,y+1)+\boldsymbol{u}(x,y-1)-2\boldsymbol{u}(x,y) \tag{6.9}$$

$$G_y^2=\boldsymbol{u}(x+1,y)+\boldsymbol{u}(x-1,y)-2\boldsymbol{u}(x,y) \tag{6.10}$$

Laplacian 算子是一个具有各向同性的二阶空间导数算子，利用一个 3×3 的模板（图 6.2）在图像上移动，并进行卷积运算，以每个像素作为中心点计算其对应的二阶梯度值。

0	−1	0
−1	4	−1
0	−1	0

图 6.2 Laplacian 模板

该模板通过设定中心像素系数为正数，四邻域的像素系数为负数，且所有系数的总和为零，从而有效抑制灰度偏移现象。

利用 Laplacian 模板直接作用于中心像素点的 3×3 邻域，则图像 $\boldsymbol{u}(x,y)$的二阶导数对应于

$$G^2[\boldsymbol{u}(x,y)] = -\boldsymbol{u}(x-1,y) - \boldsymbol{u}(x,y-1) + 4\boldsymbol{u}(x,y) - \boldsymbol{u}(x,y+1) - \boldsymbol{u}(x+1,y) \quad (6.11)$$

仍按照两个像素间的像素数定义 Δx 和 Δy，令 $\Delta x = \Delta y = 1$，则图像二阶梯度的微分形式可表示为

$$\begin{aligned} G^2[\boldsymbol{u}(x,y)] &= \frac{\partial \boldsymbol{u}(x,y)}{\partial x} + \frac{\partial \boldsymbol{u}(x,y)}{\partial y} - \frac{\partial \boldsymbol{u}(x,y+1)}{\partial y} - \frac{\partial \boldsymbol{u}(x+1,y)}{\partial x} \\ &= -\frac{\partial^2 \boldsymbol{u}(x+1,y)}{\partial x^2} - \frac{\partial^2 \boldsymbol{u}(x,y+1)}{\partial y^2} \end{aligned} \quad (6.12)$$

可见，Laplacian 算子满足二阶导数的特性。

6.3 分数阶边缘检测算子的提出

考虑到整数阶微分仅能处理图像的八邻域内信息，而分数阶微分能处理图像的全局信息，本章将传统的整数阶微分算子推广到分数阶模式，用于提取更多的图像结构特征。

6.3.1 分数阶 Sobel 算子

通过将微分阶次从一阶推广到分数阶，提出一种分数阶 Sobel 算子，其沿 x 轴和 y 轴方向的微分形式为

$$G_x^\alpha = \frac{1}{2}\left[\frac{\partial^\alpha \boldsymbol{u}(x+1,y-1)}{\partial x^\alpha} + 2\frac{\partial^\alpha \boldsymbol{u}(x+1,y)}{\partial x^\alpha} + \frac{\partial^\alpha \boldsymbol{u}(x+1,y+1)}{\partial x^\alpha}\right] \quad (6.13)$$

$$G_y^\alpha = \frac{1}{2}\left[\frac{\partial^\alpha \boldsymbol{u}(x-1,y+1)}{\partial y^\alpha} + 2\frac{\partial^\alpha \boldsymbol{u}(x,y+1)}{\partial y^\alpha} + \frac{\partial^\alpha \boldsymbol{u}(x+1,y+1)}{\partial y^\alpha}\right] \quad (6.14)$$

下面采用分数阶微分 G-L 定义离散化分数阶微分算子 G_x^α 和 G_y^α。假定图像 $\boldsymbol{u}$（x,y）的大小为 $M\times N$，则其在位置(x,y)处的分数阶梯度可定义为

$$(\nabla^\alpha \boldsymbol{u})_{i,j} = [(\Delta_x^\alpha u)_{i,j}, (\Delta_y^\alpha u)_{i,j}] \quad 1 \leqslant i \leqslant M, 1 \leqslant j \leqslant N \tag{6.15}$$

式中，

$$(\Delta_x^\alpha u)_{i,j} = \sum_{k=0}^{K-1} w_j^{(\alpha)} u_{i,j-k} \tag{6.16}$$

$$(\Delta_y^\alpha u)_{i,j} = \sum_{k=0}^{K-1} w_j^{(\alpha)} u_{i-k,j} \tag{6.17}$$

其中，$K \geqslant 3$ 为整常数，$w_j^{(\alpha)}$ 可由递推公式

$$w_0^{(\alpha)} = 1, w_j^{(\alpha)} = \left(1 - \frac{\alpha+1}{j}\right) w_{j-1}^{(\alpha)} \qquad j = 1, 2, \cdots K-1 \tag{6.18}$$

求出，则沿 x 轴和 y 轴方向的分数阶梯度成分可分别采用近似形式，即

$$\begin{aligned} G_x^\alpha = \frac{1}{2}[&\boldsymbol{u}(x-1, y+1) - \alpha \boldsymbol{u}(x-1, y) + \frac{\alpha^2 - \alpha}{2} \boldsymbol{u}(x-1, y-1) + \ldots + \\ &(-1)^k C_k^\alpha \boldsymbol{u}(x-1, y+1-k) + 2\boldsymbol{u}(x, y+1) - 2\alpha \boldsymbol{u}(x, y) + (\alpha^2 - \alpha)\boldsymbol{u}(x, y-1) + \ldots + \\ &2*(-1)^k C_k^\alpha \boldsymbol{u}(x, y+1-k) + \boldsymbol{u}(x+1, y+1) - \alpha \boldsymbol{u}(x+1, y) + \\ &\frac{\alpha^2 - \alpha}{2} \boldsymbol{u}(x+1, y-1) + \ldots + (-1)^k C_k^\alpha \boldsymbol{u}(x+1, y+1-k)] \end{aligned} \tag{6.19}$$

$$\begin{aligned} G_y^\alpha = \frac{1}{2}[&\boldsymbol{u}(x+1, y-1) - \alpha \boldsymbol{u}(x, y-1) + \frac{\alpha^2 - \alpha}{2} \boldsymbol{u}(x-1, y-1) + \ldots + \\ &(-1)^k C_k^\alpha \boldsymbol{u}(x+1-k, y-1) + 2\boldsymbol{u}(x+1, y) - 2\alpha \boldsymbol{u}(x, y) + (\alpha^2 - \alpha)\boldsymbol{u}(x-1, y) + \ldots + \\ &2*(-1)^k C_k^\alpha \boldsymbol{u}(x+1-k, y) + \boldsymbol{u}(x+1, y+1) - \alpha \boldsymbol{u}(x, y+1) + \\ &\frac{\alpha^2 - \alpha}{2} \boldsymbol{u}(x-1, y+1) + \ldots + (-1)^k C_k^\alpha \boldsymbol{u}(x+1-k, y+1)] \end{aligned} \tag{6.20}$$

依据上述近似，提出一种分数阶 Sobel 卷积模板，如图 6.3 所示。

从图 6.1 和图 6.3 定义的模板形式可知，一阶模板仅考虑了中心像素的八邻域，而分数阶模板包含了中心像素的全局特性，因此分数阶微分算子能考虑更多的邻域像素信息，从而能提取更多的图像细节特征。

$\frac{(-1)^k C_k^\alpha}{2}$	…	$\frac{(\alpha^2-\alpha)}{4}$	$\frac{-\alpha}{2}$	$\frac{1}{2}$
$(-1)^k C_k^\alpha$	…	$\frac{(\alpha^2-\alpha)}{2}$	$-\alpha$	1
$\frac{(-1)^k C_k^\alpha}{2}$	…	$\frac{(\alpha^2-\alpha)}{4}$	$\frac{-\alpha}{2}$	$\frac{1}{2}$

（b） G_x^α

$(-1)^k C_k^\alpha/2$	$(-1)^k C_k^\alpha$	$(-1)^k C_k^\alpha/2$
⋮	⋮	⋮
$(\alpha^2-\alpha)/4$	$(\alpha^2-\alpha)/2$	$(\alpha^2-\alpha)/4$
$-\alpha/2$	$-\alpha$	$-\alpha/2$
$1/2$	1	$1/2$

（b） G_y^α

图 6.3 分数阶 Sobel 卷积模板

6.3.2 分数阶 Laplacian 算子

通过将微分阶次从二阶推广到分数阶，提出一种分数阶 Laplacian 算子，其微分形式可定义为

$$G^\alpha(\boldsymbol{u}) = -\frac{\partial^\alpha \boldsymbol{u}(x+1,y)}{\partial x^\alpha} - \frac{\partial^\alpha \boldsymbol{u}(x,y+1)}{\partial y^\alpha} \tag{6.21}$$

下面仍采用分数阶微分 G-L 定义离散化分数阶微分算子 G^α，则分数阶梯度成分可以采用近似形式，即

$$\begin{aligned} G^\alpha(\boldsymbol{u}) &= -\sum_{k=0}^{K-1} w_j^{(\alpha)} \boldsymbol{u}(x+1-k,y) - \sum_{k=0}^{K-1} w_j^{(\alpha)} \boldsymbol{u}(x,y+1-k) \\ &= -[\boldsymbol{u}(x+1,y) - \alpha \boldsymbol{u}(x,y) + \frac{\alpha^2-\alpha}{2}\boldsymbol{u}(x-1,y) + \ldots + \\ &\quad (-1)^{K-1} C_{K-1}^\alpha \boldsymbol{u}(x+2-K,y)] - [\boldsymbol{u}(x,y+1) - \alpha \boldsymbol{u}(x,y) + \\ &\quad \frac{\alpha^2-\alpha}{2}\boldsymbol{u}(x,y-1) + \ldots + (-1)^{K-1} C_{K-1}^\alpha \boldsymbol{u}(x,y+2-K)] \end{aligned} \tag{6.22}$$

依据上述近似，提出一种分数阶 Laplacian 卷积模板，如图 6.4 所示。

0	…	0	$(-1)^K C_{K-1}^{\alpha}$	0
⋮	⋮	⋮	⋮	⋮
0	…	0	$(\alpha-\alpha^2)/2$	0
$(-1)^K C_{K-1}^{\alpha}$	…	$(\alpha-\alpha^2)/2$	2α	−1
0	…	0	−1	0

图 6.4 分数阶 Laplacian 卷积模板

6.4 阈值选取

选取图像的分数阶梯度幅值作为图像边缘点的判定依据。对于分数阶微分，幅值测度可以定义为

$$\left|\nabla^{\alpha}\boldsymbol{u}\right| = [(G_x^{\alpha})^2 + (G_y^{\alpha})^2]^{1/2} \tag{6.23}$$

该测度给定了沿 $\nabla^{\alpha}\boldsymbol{u}$ 方向 $\boldsymbol{u}(x,y)$在单位距离内的最大变化率。这里基于平均分数阶梯度设定边缘点检测的阈值，令

$$T = \tau\sum_{i=1}^{M}\sum_{j=1}^{N}\nabla^{\alpha}\boldsymbol{u}/(MN) \tag{6.24}$$

式中，T 表示阈值；$\tau \geqslant 1$ 是一个预设参数；$M \times N$ 表示图像大小。

当 $\nabla^{\alpha}\boldsymbol{u} > T$ 时，像素可被标记为边缘点。

6.5 数值实验与分析

6.5.1 分数阶微分阶次的选取

下面从频率特性角度分析分数阶边缘检测算子中微分阶次的选取问题。图 6.5 所示为微分阶次 $\alpha \in (0, 2.0]$ 时，几个典型阶次的幅频特性响应曲线。

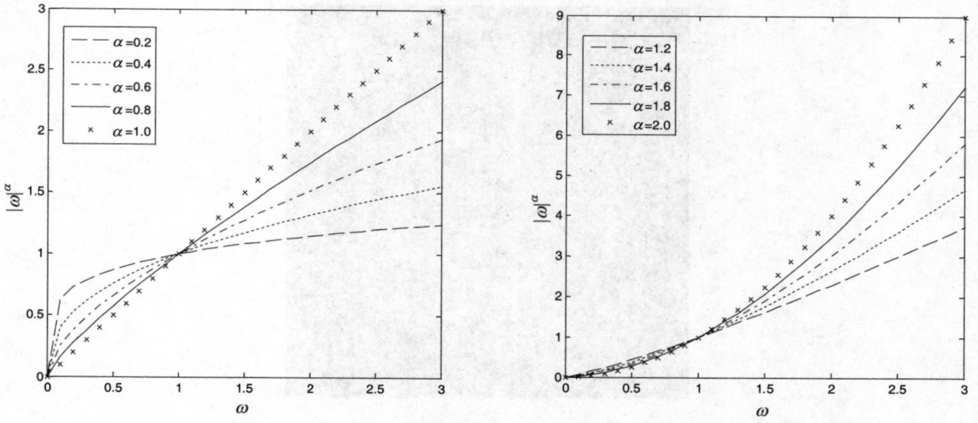

（a）$\alpha \in (0,1.0]$　　（b）$\alpha \in (1.0,2.0]$

图 6.5　几个典型阶次的幅频特性响应曲线

由图可见，当$\alpha \in (0,1.0]$时，在甚低频部分，对应于图像的平滑区域，分数阶微分较一阶微分能非线性增强图像的轮廓特性；在中频部分，对应于图像的纹理区域，分数阶微分较一阶微分能保持图像的细节特征；在高频部分，对应于图像的边缘和噪声成分，分数阶微分较一阶微分有明显的削减作用。而当$\alpha \in (1.0,2.0]$时，幅频特性曲线随频率和微分阶次的增加呈快速非线性增长趋势。在甚低频部分，分数阶微分与二阶微分对图像平滑区域的轮廓特征有相似的削弱作用；在高频部分，分数阶微分对图像的高频噪声和边缘信息的增强能力明显优于二阶微分。综合考虑边缘检测对平滑区域和纹理区域的特征保留能力和对噪声的鲁棒性，本章选取分数阶阶次$\alpha \in (0,1.0)$。

6.5.2　分数阶微分展开项数的选取

下面分析分数阶微分展开项数K，即分数阶微分模板大小对图像分割效果的影响。选取一张大小为 258px×258px，噪声强度为 5%，灰度不均匀性为 20%的仿真脑 MRI 图像的横断面视图作为测试图像，如图 6.6 所示。分数阶 Sobel 算子和分数阶 Laplacian 算子的 3×3，4×4，5×5，6×6，7×7 和 8×8 模板作用下的图像分割结果如图 6.7 和图 6.8 所示。实验中选定分数阶次$\alpha = 0.2$，预设参数$\tau = 3$。

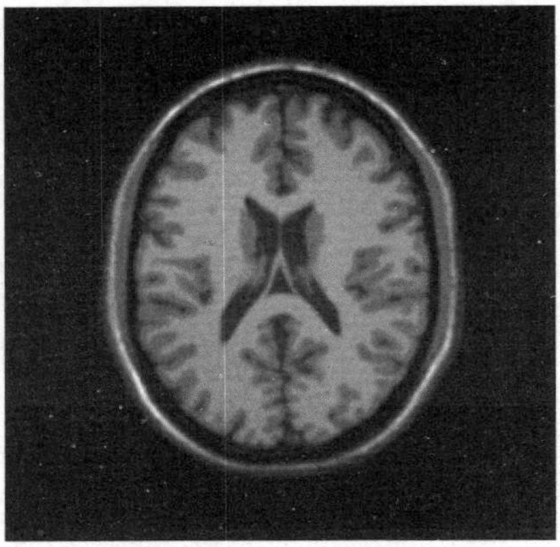

图 6.6　测试图像

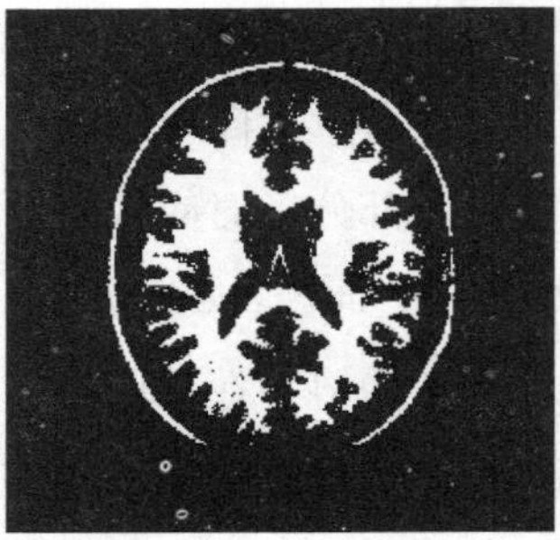

（a）3×3

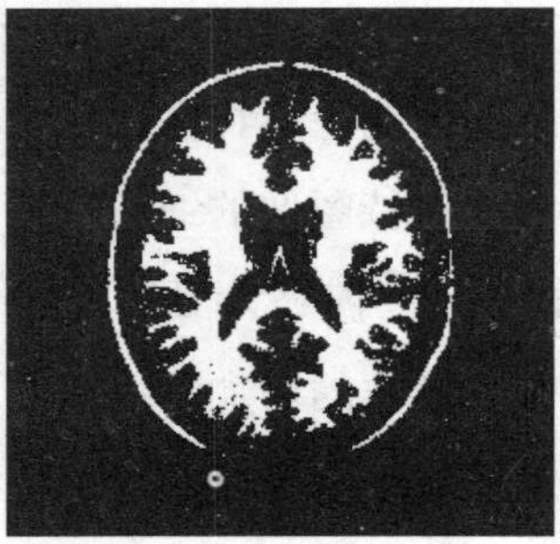

（b）4×4

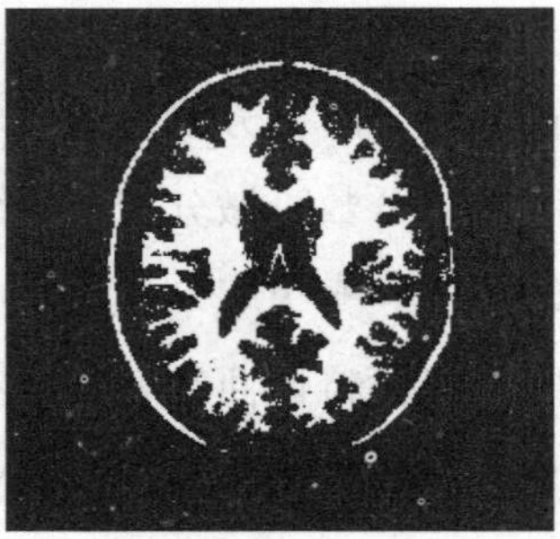

（c）5×5

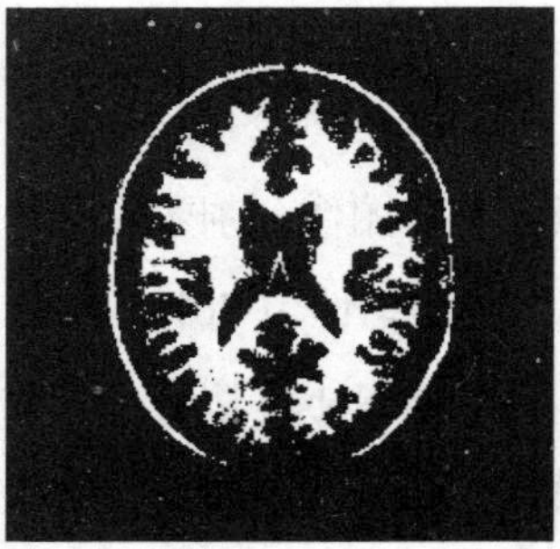

（d）6×6

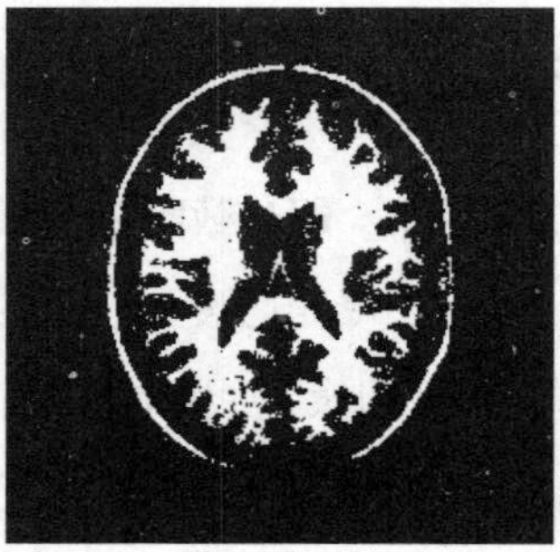

（e）7×7

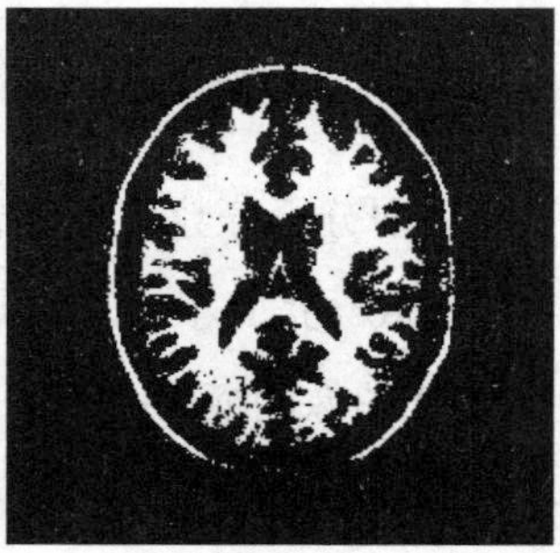

（f）8×8

图 6.7　分数阶 Sobel 算子分割结果

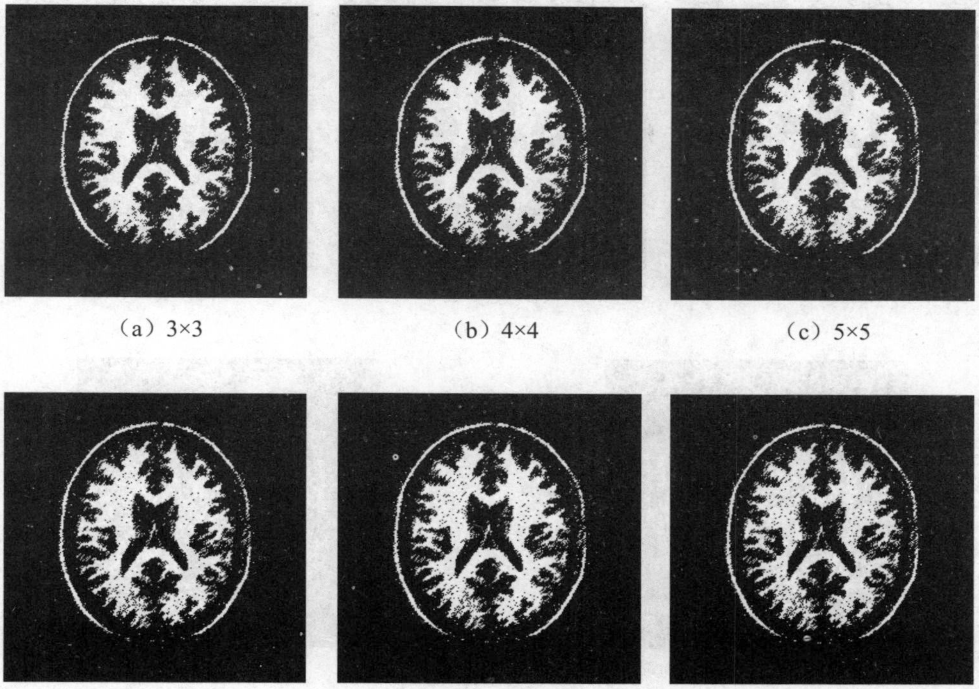

（a）3×3　（b）4×4　（c）5×5

（d）6×6　（e）7×7　（f）8×8

图 6.8　分数阶 Laplacian 算子分割结果

实验结果表明，分数阶微分作用于图像中各像素的窄带邻域即可实现有效分割。如分数阶微分模板的大小选取过大，在处理噪声图像时分割效果中会残留大量噪声，而且分割也会耗用过长的运算时间。

6.5.3　分数阶 Sobel 算子的性能分析

考虑到分数阶微分的频率特征和作用域的全局性，本章将经典的一阶 Sobel 算子扩展到分数阶模式。下面将通过数值实验测试和分析分数阶 Sobel 算子的分割性能及其优越性。实验参数设定如下：展开项数 k=3，微分阶次 $\alpha \in (0,1.0)$。

首先选取图 6.6 中的脑 MRI 图像作为测试图像，令预设参数 $\tau = 3$。分数阶 Sobel 算子在几个典型分数阶次下的分割结果如图 6.9 所示。

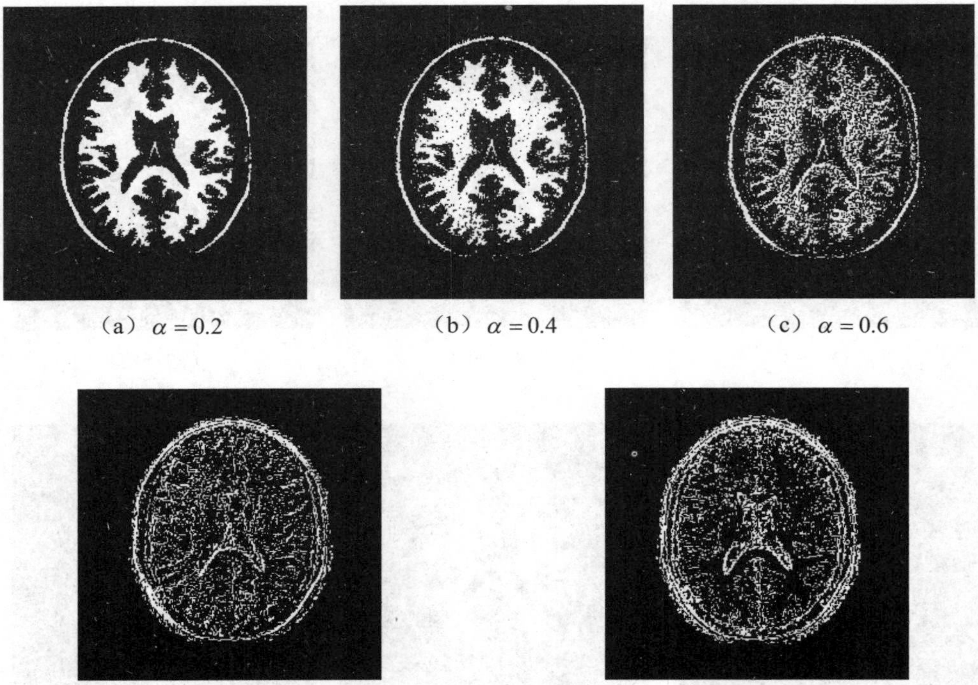

（a）$\alpha = 0.2$　（b）$\alpha = 0.4$　（c）$\alpha = 0.6$

（d）$\alpha = 0.8$　（e）$\alpha = 1.0$

图 6.9　不同阶次下分数阶 Sobel 算子的脑 MRI 图像分割结果比较

下面选取一大小为 111px×110px 的血管图像（图 6.10）作为测试图像，令预设参数 $\tau = 1.2$ 。分数阶 Sobel 算子在几个典型分数阶次下的分割结果如图 6.11 所示。

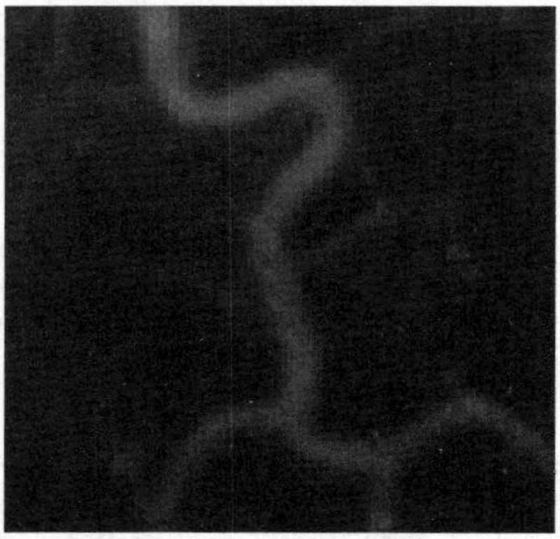

图 6.10　测试图像

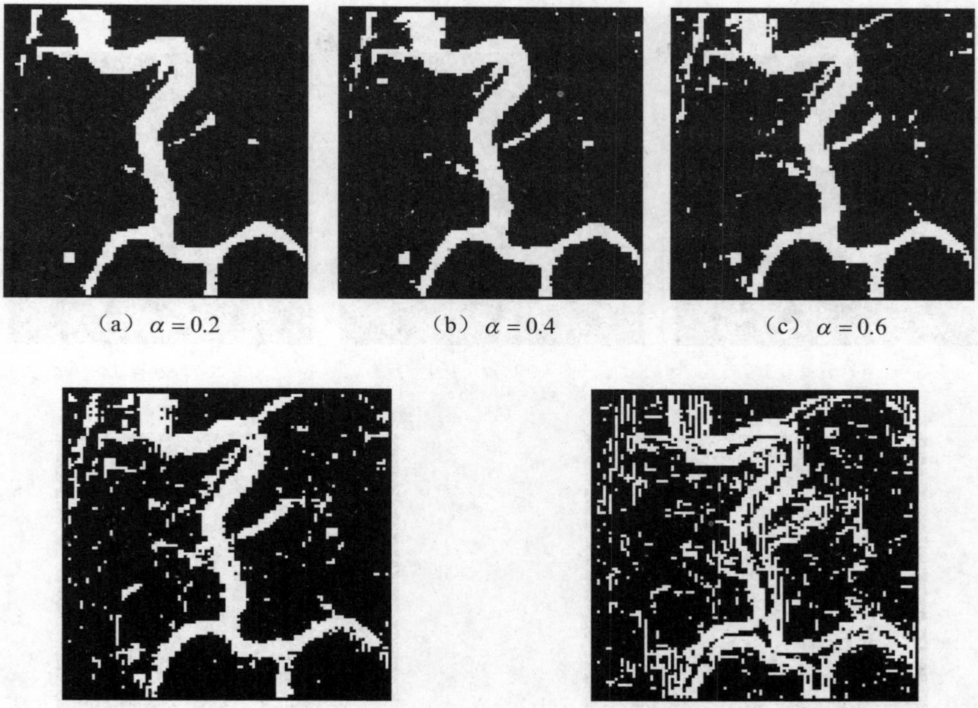

（a）$\alpha=0.2$　（b）$\alpha=0.4$　（c）$\alpha=0.6$

（d）$\alpha=0.8$　（e）$\alpha=1.0$

图 6.11　不同阶次下分数阶 Sobel 算子的血管图像分割结果比较

实验结果表明，与经典的一阶 Sobel 算子（$\alpha=1.0$）相比，分数阶 Sobel 算子对噪声的鲁棒性更强，且能有效抑制无关细节的影响。而对于分数阶 Sobel 算子，随着分数阶次的增加，图像的边缘细节提取能力也随之增强，但同时对噪声的敏感性亦增强，从而使图像中残留大量的噪声成分。这一结果与前面分析的分数阶微分的频率特性相符。

6.5.4　分数阶 Laplacian 算子的性能分析

下面将通过数值实验测试和分析提出的分数阶 Laplacian 算子的分割性能及其优越性。实验参数设定如下：展开项数 k=3，微分阶次 $\alpha\in(0,1.0)$。

首先选取图 6.6 中的脑 MRI 图像作为测试图像，令预设参数 $\tau=3$。分数阶 Laplacian 算子在几个典型分数阶次下的分割结果如图 6.12 所示。

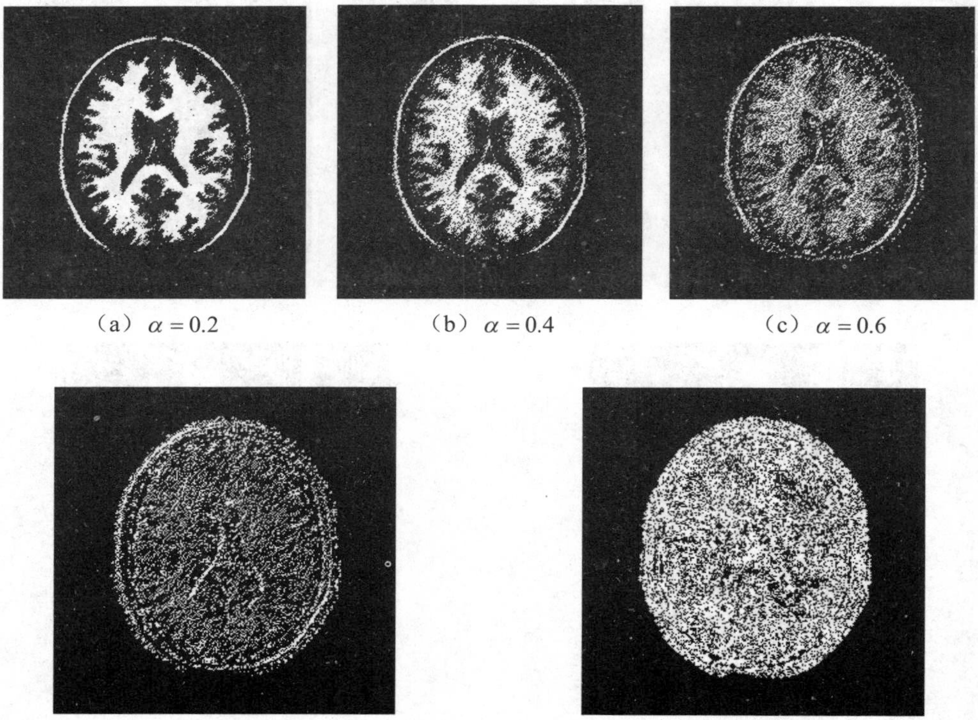

（a）$\alpha=0.2$　（b）$\alpha=0.4$　（c）$\alpha=0.6$

（d）$\alpha=0.8$　（e）$\alpha=2.0$

图 6.12　不同阶次下分数阶 Laplacian 算子的脑 MRI 图像分割结果比较

下面选取图 6.10 中的血管图像作为测试图像，令预设参数 $\tau=1.2$。分数阶 Laplacian 算子在几个典型分数阶次下的分割结果如图 6.13 所示。

实验结果表明，与经典的二阶 Laplacian 算子（$\alpha=2.0$）相比，分数阶 Laplacian 算子对噪声的鲁棒性更强，且能有效抑制无关细节的影响。而对于分数阶 Laplacian 算子，随着分数阶次的增加，图像的边缘细节提取能力有所增强，但同时对噪声的敏感性也随之增强，从而导致图像中残留大量的噪声成分。这一结果与前面分析的分数阶微分的频率特性相符。

从上述实验结果可见，分数阶 Sobel 算子较分数阶 Laplacian 算子对噪声有更好的平滑作用，同时对一些无用细节的响应也更小，更具鲁棒分割的优势。

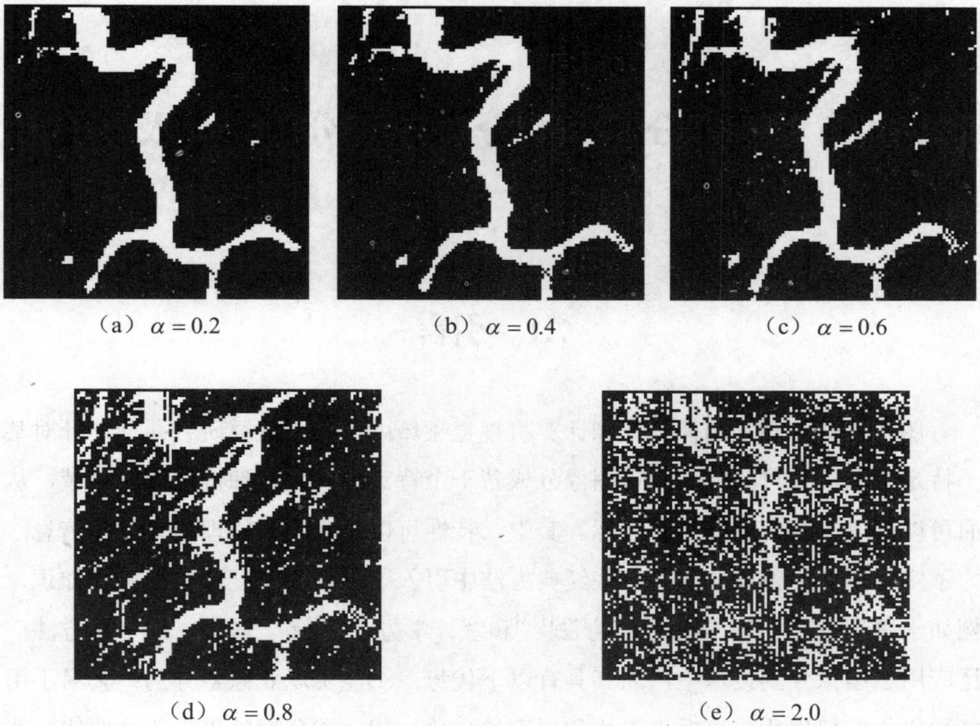

图 6.13　不同阶次下分数阶 Laplacian 算子的血管图像分割结果比较

6.6　本章小结

依据整数阶微分和分数阶微分的定义，研究发现整数阶微分是一个局域运算，而分数阶微分能作用于图像中各像素的任意带宽的窄带邻域，从而考虑更多的邻域像素特征。基于这一特性，本章将经典的一阶 Sobel 算子和二阶 Laplacian 算子分别推广到分数阶模式，用于提取更多的图像边缘细节信息，并通过数值实验验证了所提出算子的有效性。

第 7 章　基于分数阶变分的目标分割模型及算法

7.1　引言

图像目标分割是图像处理和计算机视觉领域中的一个重要研究课题，针对某一特定图像，其目的就是把该图像分成若干个特定的、具有独特性质的区域，从而可以提取出我们感兴趣的目标。其中，特性可以是灰度、纹理或者颜色信息。为了实现图像的鲁棒分割，一些经典方法中引入了形状和灰度分布等先验知识，例如水平集方法[112]、神经网络方法[113]和统计学方法[114]等。其中，水平集方法广泛应用于图像分割技术中，因其具有以下优势：①能实现亚像素分割；②易于用能量优化框架描述，可融入形状和灰度等先验知识；③分割结果为闭合曲线，能提取连续的目标拓扑形状，便于后续的形状分析和模式识别等处理。

水平集方法的基本思想是在图像区域中指定一个初始轮廓，然后通过最小化特定的能量函数迭代更新该轮廓的形状和位置，使其最终定位到目标边界。水平集方法通常可分为两大类，即基于边缘的方法和基于区域的方法。其中，基于边缘的方法具有计算简单的优势，但它易于收敛到局部最小解，因此要求初始轮廓位于待检测目标附近，才能检测到目标边界。与之相比，基于区域的方法对初始轮廓的鲁棒性较强，同时对图像噪声不敏感，但是要求各个分割区域具有灰度均匀性特性。而在实际应用中，由于造度的空间变化和图像仪器的缺陷等原因，数字图像通常存在灰度不均匀性。

为了解决上述问题，国内外学者做了进一步深入研究。Li 等人[115]将高斯核函数引入到能量函数的数据项中，提取图像的局域灰度信息引导水平集曲线运动，以解决灰度不均匀性问题。Sun 等人[116]用具有自适应尺度和方向的线性结构元素，将目标和背景分别拟合到模糊形态学的最大和最小开运算，该局域形态学拟合水平集模型具有对背景不均匀性的鲁棒性。

研究发现，在基于区域的水平集方法（例如，著名的 CV 水平集模型）中针对曲线轮廓的演化，仅考虑了曲线长度的变化率，即仅控制了曲线收缩的快慢。而当图像具有灰度不均匀性时，模型的收缩性会影响对目标凹陷部分轮廓的检测。针对这一问题，考虑到分数阶微分运算能融入更多曲线邻域像素信息，本章提出一种分数阶 CV 模型，用于加强对图像凹陷部分的轮廓提取，并推导了该模型对应的分数阶欧拉-拉格朗日方程，从而使能量函数的最小化过程可以通过梯度下降法实现。实验结果表明，本章提出的分数阶 CV 模型与传统的 CV 模型相比，能提取更多的凹陷部分轮廓，在分割图像细节上具有更好的性能。

7.2 CV 模型

假设$\Omega\subset\Re^2$表示图像域，$\boldsymbol{I}:\Omega\to\Re$表示一个指定的灰度图像，$C$ 表示图像区域中的闭合演化曲线，用于将图像分割为不重叠的子区域。在水平集方法中，曲线C通常用零水平集函数$\phi:\Omega\to\Re$表示，并满足

$$\begin{cases}C=\{(x,y)\in\Omega:\phi(x,y)=0\}\\ inside(C)=\{(x,y)\in\Omega:\phi(x,y)<0\}\\ outside(C)=\{(x,y)\in\Omega:\phi(x,y)>0\}\end{cases}\tag{7.1}$$

式中，$inside(C)$表示曲线C的内部区域；$outside(C)$表示曲线C的外部区域。

图像分割可以通过闭合曲线C的演化实现，这一演化过程等效于指定能量函数的最小化过程，而演化的理想终止状态应停止于目标边界。2001 年，Chan 和 Vese[117]提出了一种著名的基于区域特性的水平集模型（简称 CV 模型），该图像分割模型的能量函数定义为

$$\begin{aligned}F(c_1,c_2,\phi)=&\mu\iint_{\Omega}\delta[\phi(x,y)]|\nabla\phi(x,y)|\mathrm{d}x\mathrm{d}y+\lambda_1\iint_{\Omega}|\boldsymbol{I}(x,y)-c_1|^2H[\phi(x,y)]\mathrm{d}x\mathrm{d}y+\\&\lambda_2\iint_{\Omega}|\boldsymbol{I}(x,y)-c_2|^2\{1-H[\phi(x,y)]\}\mathrm{d}x\mathrm{d}y\end{aligned}\tag{7.2}$$

式中，$\mu,\lambda_1,\lambda_2>0$表示各能量项的权重系数；$\delta(\cdot)$表示一维 Dirac 测度；$H(\cdot)$表示 Heaviside 函数。

c_1 和 c_2 分别近似曲线 C 外部和内部区域的灰度平均值，即

$$c_1(\phi)=\frac{\int_{\Omega} \boldsymbol{I}(x,y)H[\phi(x,y)]\mathrm{d}x\mathrm{d}y}{\int_{\Omega} H[\phi(x,y)]\mathrm{d}x\mathrm{d}y} \tag{7.3}$$

$$c_2(\phi)=\frac{\int_{\Omega} \boldsymbol{I}(x,y)\{1-H[\phi(x,y)]\}\mathrm{d}x\mathrm{d}y}{\int_{\Omega} \{1-H[\phi(x,y)]\}\mathrm{d}x\mathrm{d}y} \tag{7.4}$$

模型（7.2）中，第一项为调整项，调整水平集曲线 C 的长度，而后两项为数据保真项。当曲线 C 位于目标外部时，保真项的第一项近似于 0，而第二项大于 0；当曲线 C 位于目标内部时，保真项的第一项大于 0，而第二项近似于 0；当曲线 C 跨越目标的内部和外部区域时，两个保真项均大于 0。不难看出，当且仅当曲线 C 位于目标边界上时，能量函数才能达到最小值。

CV 模型中假定图像中各子区域具有分段常值特性，即在每个目标区域内灰度是均匀的。而当图像具有灰度不均匀性时，参数 c_1 和 c_2 不能表征原始图像数据特征。可见，CV 模型不能有效分割具有灰度不均匀性的图像。

7.3 分数阶 CV 模型的提出

灰度不均匀性普遍存在于遥感、医学、雷达等图像中。例如，在医学脑磁共振成像（Magnetic Resonance Imaging，MRI）图像中，由于技术限制和目标伪影等因素会造成图像灰度的不均匀。在这种情况下，如采用传统的 CV 水平集模型作分割处理，其收缩性会影响对目标凹陷部分轮廓的提取。针对这一问题，考虑到分数阶微分运算能融入更多曲线邻域像素的信息，本章将分数阶微分引入到 CV 模型中，控制水平集曲线的调整，提出了一种分数阶 CV 模型，能量泛函为

$$\begin{aligned}F_\alpha(c_1,c_2,\phi)=\mu\int_{\Omega}\delta[\phi(x,y)]\left|\nabla^{\alpha}\phi(x,y)\right|\mathrm{d}x\mathrm{d}y+\lambda_1\iint_{\Omega}\left|\boldsymbol{I}(x,y)-c_1\right|^2 H[\phi(x,y)]\mathrm{d}x\mathrm{d}y+\\ \lambda_2\iint_{\Omega}\left|\boldsymbol{I}(x,y)-c_2\right|^2\{1-H(\phi(x,y)]\}\mathrm{d}x\mathrm{d}y\end{aligned} \tag{7.5}$$

式中，α 表示分数阶阶次。

传统 CV 模型中的一阶微分调整仅能控制水平集收缩的速度，而通过对幅频特性的分析，引入分数阶微分调整有利于提取更多的图像高频边缘信息，从而加强对图像凹陷部分轮廓的提取。

7.4 数值算法

7.4.1 能量优化和水平集描述

水平集方法将图像分割描述为能量函数的优化问题。理想情况下，当能量函数达到最小值时，水平集曲线演化到目标边界。对于 CV 模型，Chan 和 Vese 令参数 c_1 和 c_2 固定，推导了关于水平集函数 ϕ 的欧拉-拉格朗日方程，从而将优化问题转化为求取下面演化曲线梯度流方程的数值解问题，即可采用梯度下降法求解。

$$\frac{\partial\phi}{\partial t}=\delta(\phi)\left[\mu\mathrm{div}\left(\frac{\nabla\phi}{|\nabla\phi|}\right)-\lambda_1(\boldsymbol{I}-c_1)^2+\lambda_2(\boldsymbol{I}-c_2)^2\right] \tag{7.6}$$

式中，$\mathrm{div}(\cdot)$ 表示散度。

对于任意二维变量 $\boldsymbol{p}=(p^1,p^2)$ ，其离散形式可定义为

$$(\mathrm{div}\boldsymbol{p})_{i,j}=\begin{cases}p_{i,j}^1-p_{i-1,j}^1 & 1<i<M\\ p_{i,j}^1 & i=1\\ -p_{i-1,j}^1 & i=M\end{cases}+\begin{cases}p_{i,j}^2-p_{i,j-1}^2 & 1<j<N\\ p_{i,j}^2 & j=1\\ -p_{i,j-1}^2 & j=N\end{cases} \tag{7.7}$$

提出的分数阶 CV 模型是在传统 CV 模型基础上，对调整项做了分数阶推广，所以在采用梯度下降法求解时需要推导分数阶调整项的欧拉方程。令

$$F_\alpha(\phi)=\iint_\Omega\left|\nabla^\alpha\phi(x,y)\right|\mathrm{d}x\mathrm{d}y \tag{7.8}$$

基于变分理论，函数 $F_\alpha(\phi)$ 达到最小值的必要条件是 $\partial F_\alpha(\phi)/\partial\phi=0$ 。为了方便计算，定义测试函数 $\eta(x,y)\in C^\infty(\Omega)$ ，令

$$J(\varepsilon)=\iint_\Omega\left|\nabla^\alpha\phi(x,y)+\varepsilon\nabla^\alpha\eta(x,y)\right|\mathrm{d}x\mathrm{d}y \tag{7.9}$$

式中，$\varepsilon\in R$ 。

则当函数 $F_\alpha(\phi)$ 达到最小值时，应满足

$$\begin{aligned}\frac{\partial F_\alpha(\phi)}{\partial\phi}&=\frac{\partial J}{\partial\varepsilon}\Big|_{\varepsilon=0}\\&=\int_\Omega\frac{(D_x^\alpha\phi+\varepsilon D_x^\alpha\eta)D_x^\alpha\eta+(D_y^\alpha\phi+\varepsilon D_y^\alpha\eta)D_y^\alpha\eta}{\sqrt{(D_x^\alpha\phi+\varepsilon D_x^\alpha\eta)^2+(D_y^\alpha\phi+\varepsilon D_y^\alpha\eta)^2}}\mathrm{d}x\mathrm{d}y\Big|_{\varepsilon=0}\\&=\int_\Omega\frac{D_x^\alpha\phi D_x^\alpha\eta+D_y^\alpha\phi D_y^\alpha\eta}{\left|\nabla^\alpha\phi(x,y)\right|}dxdy\\&=\int_\Omega\left\{D_x^{\alpha*}\left[\left|\nabla^\alpha\phi(x,y)\right|^{-1}D_x^\alpha\phi\right]+D_y^{\alpha*}\left[\left|\nabla^\alpha\phi(x,y)\right|^{-1}D_y^\alpha\phi\right]\right\}\eta\mathrm{d}x\mathrm{d}y\\&=0\end{aligned}\tag{7.10}$$

式中，D_x^α 和 D_y^α 分别表示沿 x 轴和 y 轴方向的分数阶微分算子；$D_x^{\alpha*}$ 和 $D_y^{\alpha*}$ 分别表示 D_x^α 和 D_y^α 的共轭函数，即

$$\begin{cases}D_x^{\alpha*}[\phi(x,y)]=D_x^\alpha[\phi(-x,y)]\\D_y^{\alpha*}[\phi(x,y)]=D_y^\alpha[\phi(x,-y)]\end{cases}\tag{7.11}$$

考虑到测试函数 $\eta(x,y)$ 的任意性，基于泛函理论，由式（7.10）可得出分数阶调整项的欧拉方程，即

$$D_x^{\alpha*}\left[\left|\nabla^\alpha\phi(x,y)\right|^{-1}D_x^\alpha\phi\right]+D_y^{\alpha*}\left[\left|\nabla^\alpha\phi(x,y)\right|^{-1}D_y^\alpha\phi\right]=0\tag{7.12}$$

这样分数阶 CV 模型可依据梯度流方程采用梯度下降法求解，即

$$\begin{aligned}\frac{\partial\phi}{\partial t}=\delta(\phi)\Bigg(&\mu\left\{D_x^{\alpha*}\left[\left|\nabla^\alpha\phi(x,y)\right|^{-1}D_x^\alpha\phi\right]+D_y^{\alpha*}\left[\left|\nabla^\alpha\phi(x,y)\right|^{-1}D_y^\alpha\phi\right]\right\}\\&-\lambda_1(\boldsymbol{I}-c_1)^2+\lambda_2(\boldsymbol{I}-c_2)^2\Bigg)\end{aligned}\tag{7.13}$$

边界条件为 $D^\alpha\phi\cdot n|_{\partial\Omega}=0$，$n$ 是边界 $\partial\Omega$ 的单位外部法向量。

7.4.2 数值离散

数值计算中一个重要的问题就是分数阶微分算子的离散化处理。这里利用分数阶微分的 GL 定义构造离散化掩模。从数值计算角度考虑，GL 定义可描述为

$$D^\alpha I(t)=\lim_{h\to0}\frac{1}{h^\alpha}\sum_{j=0}^{K-1}(-1)^j\binom{\alpha}{j}I(t-jh)\approx\frac{1}{h^\alpha}\sum_{j=0}^{K-1}w_j^{(\alpha)}I(t-jh)\tag{7.14}$$

式中，$w_j^{(\alpha)}=(-1)^j\begin{pmatrix}\alpha\\ j\end{pmatrix}$表示函数$(1-z)^\alpha$的二项式系数，可由递推公式

$$w_0^{(\alpha)}=1, w_j^{(\alpha)}=\left(1-\frac{\alpha+1}{j}\right)w_{j-1}^{(\alpha)} \qquad j=1,2,\cdots \tag{7.15}$$

求出。

如果需要更精确地计算分数阶数值微分，还可以用多项式展开运算代替上述二项式系数[118]，即

$$w_1^\alpha(z)=(1-z)^\alpha \tag{7.16}$$

$$w_2^\alpha(z)=\left(\frac{3}{2}-2z+\frac{1}{2}z^2\right)^\alpha \tag{7.17}$$

$$w_3^\alpha(z)=\left(\frac{11}{6}-3z+\frac{3}{2}z^2-\frac{1}{3}z^3\right)^\alpha \tag{7.18}$$

$$w_4^\alpha(z)=\left(\frac{25}{12}-4z+3z^2-\frac{4}{3}z^3+\frac{1}{4}z^4\right)^\alpha \tag{7.19}$$

$$w_5^\alpha(z)=\left(\frac{137}{60}-5z+5z^2-\frac{10}{3}z^3+\frac{5}{4}z^4-\frac{1}{5}z^5\right)^\alpha \tag{7.20}$$

$$w_6^\alpha(z)=\left(\frac{147}{60}-6z+\frac{15}{2}z^2-\frac{20}{3}z^3+\frac{15}{4}z^4-\frac{6}{5}z^5+\frac{1}{6}z^6\right)^\alpha \tag{7.21}$$

式中，$w_0=1$；$w_1=1-\alpha$；$w_2=\frac{3}{2}-2\alpha+\frac{1}{2}\alpha^2$；$w_3=\frac{11}{6}-3\alpha+\frac{3}{2}\alpha^2-\frac{1}{3}\alpha^3$；$w_4=\frac{25}{12}-4\alpha+3\alpha^2-\frac{4}{3}\alpha^3+\frac{1}{4}\alpha^4$。

不难看出，分数阶微分运算由无限项组成，选取的展开项越多，计算准确率越高，但是运行时间越长。这里以5×5的模板为例，基于式（7.16）～式（7.19）的多项式系数构造分数阶微分掩模，如图 7.1 所示。

梯度流方程［式（7.13）］的其他部分很容易进行离散化处理。其中，为了防止迭代过程中$\delta(\phi)$等于零而终止迭代，可令

$$H_\varepsilon(z)=\frac{1}{2}\left[1+\frac{2}{\pi}\arctan\left(\frac{z}{\varepsilon}\right)\right] \tag{7.22}$$

$$\delta_\varepsilon(z)=\frac{\mathrm{d}}{\mathrm{d}z}H_\varepsilon(z)=\frac{1}{\pi}\frac{\varepsilon}{\varepsilon^2+z^2} \tag{7.23}$$

式中，当$\varepsilon \to 0$时两个调整项分别收敛于H和δ。

0	0	0	0	0
0	0	0	0	0
w_0	w_1	w_2	w_3	w_4
0	0	0	0	0
0	0	0	0	0

（a）$D_y^{\alpha*}$

0	0	0	0	0
0	0	0	0	0
w_4	w_3	w_2	w_1	w_0
0	0	0	0	0
0	0	0	0	0

（b）D_y^{α}

0	0	w_4	0	0
0	0	w_3	0	0
0	0	w_2	0	0
0	0	w_1	0	0
0	0	w_0	0	0

（c）D_x^{α}

0	0	w_0	0	0
0	0	w_1	0	0
0	0	w_2	0	0
0	0	w_3	0	0
0	0	w_4	0	0

（d）$D_x^{\alpha*}$

图 7.1　分数阶微分掩模

7.4.3　算法描述

分数阶 CV 模型的求解算法流程可描述如下：

（1）初始化：用符号距离函数ϕ表示零水平集曲线，以防止水平集函数进化过程过平或过陡。

（2）通过式（7.3）和式（7.4）计算$c_1(\phi^n)$和$c_2(\phi^n)$。

（3）通过梯度流方程［式（7.13）］演化水平集曲线，得到ϕ^{n+1}。

（4）检验演化后曲线与初始零水平集曲线间距离是否达到稳态。达到稳态，迭代结束。否则，令$n=n+1$，转步骤（2）。

7.5 数值实验与分析

7.5.1 灰度均匀图像的目标分割

CV 模型适用于分割灰度均匀的分段常值图像。选取一个灰度均匀的两目标合成图像作为测试图像，图像大小为 128px×128px，检验 CV 模型的分割效果。设定模型的权重系数 $\lambda = 0.2\times255\times255$，图 7.2 通过水平集曲线演化的初始轮廓、中间轮廓和最终轮廓描述了分割过程。可见，CV 模型能有效定位灰度均匀图像的目标边界。

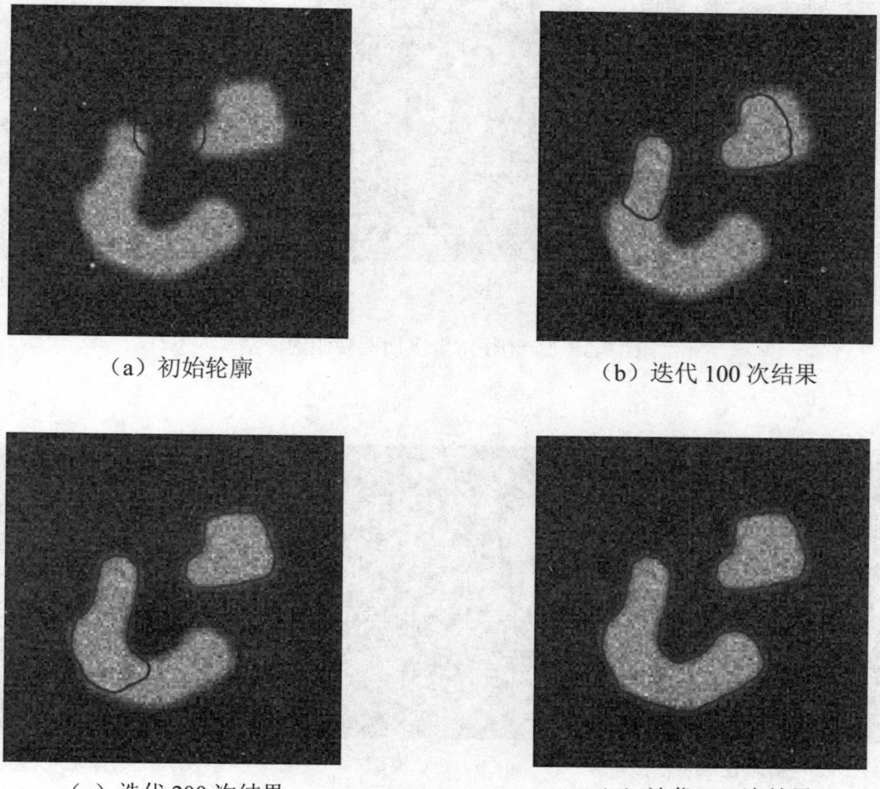

（a）初始轮廓 （b）迭代 100 次结果

（c）迭代 200 次结果 （d）迭代 358 次结果

图 7.2　合成图像的分割

7.5.2 灰度不均匀图像的目标分割

灰度不均匀性通常产生于真实图像中，特别是医学图像。选取医学脑 MRI 图像作为测试图像，分析比较传统的 CV 模型和本章提出的分数阶 CV 模型的图像分割能力。实验参数设置如下：$\lambda_1=\lambda_2=1.0$，分数阶微分算子离散化处理中，令时间步长 $\Delta t=0.1$，空间步长 $h=1$，展开项数 $K=5$。

图 7.3 所示为一脑 MRI 图像横断面视图的分割结果，图像大小为 128px×128px，设定权重系数 $\lambda=0.35\times255\times255$，迭代次数 $n=500$，微分阶次 $\alpha=1.2$。图 7.4 所示为一脑 MRI 图像冠状位视图的分割结果，图像大小为 258px×258px，设定权重系数 $\lambda=0.2\times255\times255$，迭代次数 $n=500$，微分阶次 $\alpha=1.2$。

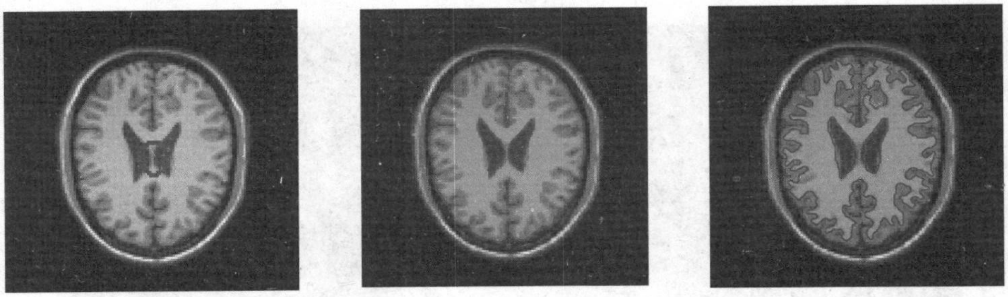

（a）初始轮廓　（b）CV 模型　（c）分数阶 CV 模型

图 7.3　脑 MRI 图像横切面视图的分割

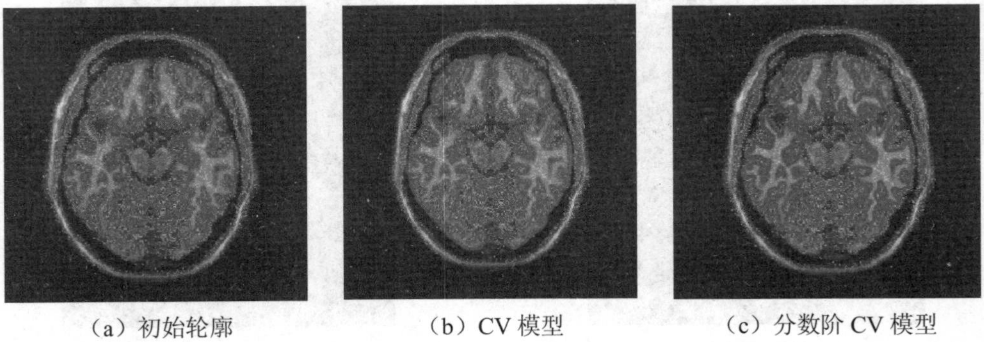

（a）初始轮廓　（b）CV 模型　（c）分数阶 CV 模型

图 7.4　脑 MRI 图像冠状位视图的分割

可见，与传统的 CV 模型相比，分数阶 CV 模型能大幅度提高分割准确度，有效定位图像凹陷部分的目标边界。下面依据分数阶微分的 GL 定义，并基于式（7.16）～式（7.21）分析当分数阶次 $\alpha = 1.0$，采用梯度下降法演化水平集曲线寻优目标边界时，分数阶 CV 模型梯度流方程中分数阶梯度调整项的特性，该项可表示为

$$\nabla F_{\alpha}(\phi) = D_x^{\alpha^*}\left[\left|\nabla^{\alpha}\phi(x,y)\right|^{-1} D_x^{\alpha}\phi\right] + D_y^{\alpha^*}\left[\left|\nabla^{\alpha}\phi(x,y)\right|^{-1} D_y^{\alpha}\phi\right] \tag{7.24}$$

由分数阶微分的定义可得，当 $\alpha = 1.0$ 时，有

$$D_x^{\alpha}\phi \approx D_x^{\alpha^*}\phi \approx D_y^{\alpha^*}\phi \approx D_y^{\alpha}\phi \approx \phi \tag{7.25}$$

$$\left|\nabla^{\alpha}\phi(x,y)\right|^{-1} = \left[(D_x^{\alpha}\phi)^2 + (D_y^{\alpha}\phi)^2\right]^{-\frac{1}{2}} \approx \frac{1}{\sqrt{2}\left|\phi\right|} \tag{7.26}$$

则分数阶梯度调整项满足

$$\nabla F_{\alpha}(\phi) \approx \frac{\sqrt{2}\phi}{|\phi|} = \begin{cases} \sqrt{2} & outside(C) \\ -\sqrt{2} & inside(C) \end{cases} \tag{7.27}$$

依据上述分数阶微分全局算子调整水平集曲线的演化可知，较传统 CV 模型中的一阶局域算子，分数阶微分全局算子能更有效地提取图像中凹陷部分的目标边界。

下面通过一仿真脑 MRI 图像进一步分析在分数阶 CV 模型中，分数阶次对图像分割结果的影响。选取一图像大小为 258px×258px，噪声强度为 5%，灰度不均匀性为 20%的脑 MRI 图像横断面视图作为测试图像。实验中设置权重系数 $\lambda = 0.2 \times 255 \times 255$，迭代次数 $n = 800$，分数阶次 $\alpha \in [0.1, 3.0]$，以 0.1 为间隔。图 7.5 所示为几个典型分数阶次下的分割结果。

实验结果表明，当 $\alpha \in (1.0, 2.0)$ 时分割效果较好，尽管随着分数阶次的增加图像凹陷部分的边缘提取能力呈现先增强后减弱的趋势，但均能通过闭合曲线在不同程度上逼近目标边界。

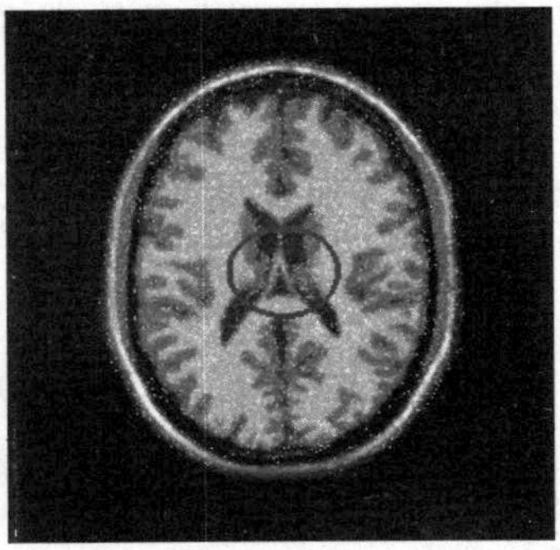

（a）初始轮廓

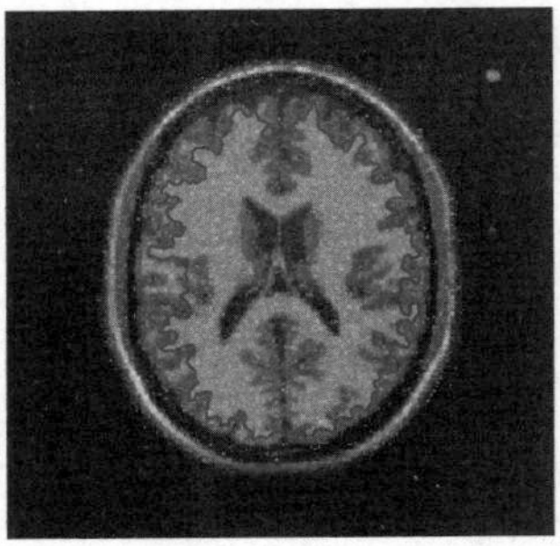

（b）$\alpha=1.0$

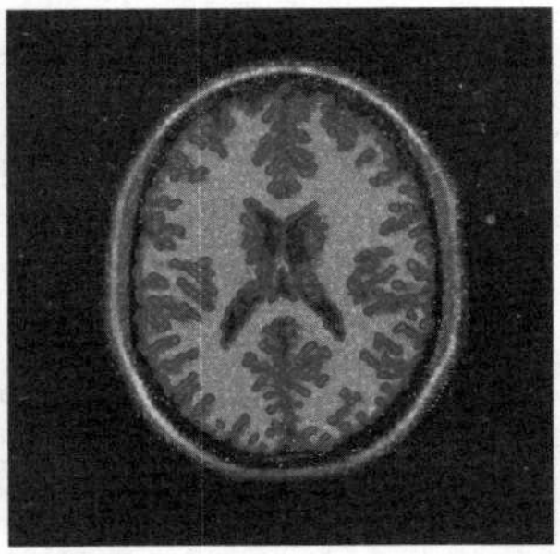

（c）$\alpha=1.2$

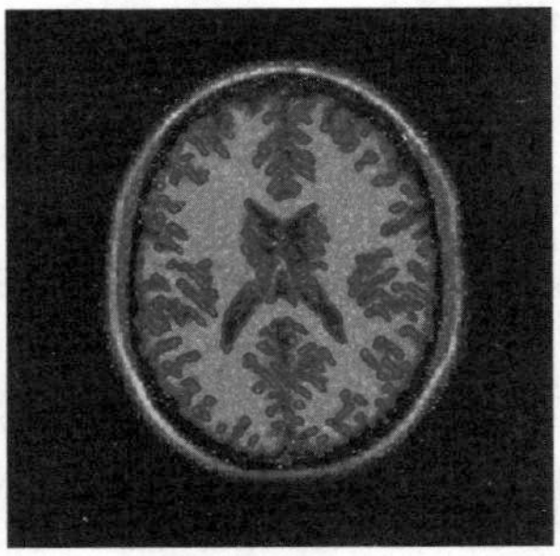

（d）$\alpha=1.4$

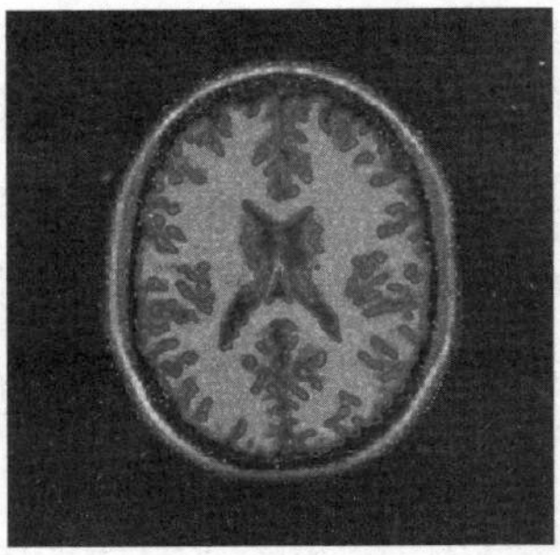

（e）$\alpha=1.6$

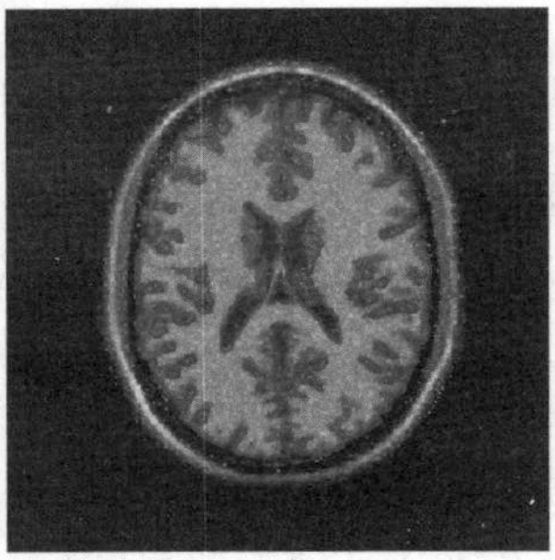

（f）$\alpha=1.8$

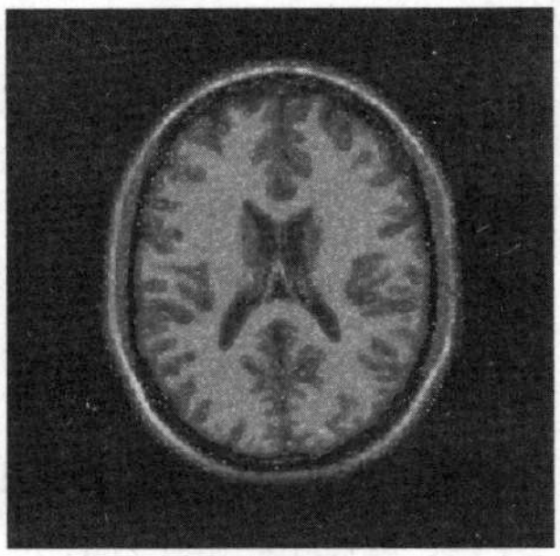

（g）$\alpha=2.0$

图 7.5　不同阶次下脑 MRI 图像分割结果比较

7.6 本章小结

本章结合 CV 水平集模型和分数阶微积分理论建立了一种新的用于解决图像分割问题的水平集框架，并进行了分数阶欧拉方程的数学推导和分析，给出了采用梯度下降法求解模型的水平集演化梯度流方程，采用了分数阶 GL 的精确化定义作离散化处理，最终确定算法流程和收敛条件。在传统的 CV 模型中，变分调整项仅能控制水平集演化的收缩速度，而推广为分数阶变分调整，能融入更多水平集曲线邻域像素的信息，有利于检测更多的图像边缘细节特征。实验结果表明，当图像存在灰度不均匀性时，本章提出的分数阶 CV 模型与传统的 CV 模型相比，能提取更多的凹陷部分轮廓，在分割图像细节上具有更好的性能。

第 8 章　具有融合罚约束的低秩结构化稀疏表示目标跟踪算法

8.1　引言

视觉目标跟踪是计算机视觉领域的一个重要研究内容，已广泛应用于军事制导、人机交互、安防监控等领域。但随着应用范围的逐渐扩展，该技术经常面临目标外观变化、严重遮挡、光照骤变等问题，从而导致跟踪漂移，严重影响跟踪效果。

考虑到遮挡位置具有稀疏性特征，基于稀疏表示[119-122]的目标表观建模有利于抑制遮挡因素的影响，但该方法中目标模板缺乏图像特征信息。而低秩约束能将目标表观建模在低维子空间，提取候选目标的全局子空间结构，描述更为丰富的图像特征，增强跟踪对位置和光照变化的鲁棒性。所以融合低秩约束和稀疏表示能增强跟踪的精确性和鲁棒性。Sui 等人[65]在粒子滤波框架下，联合全局粒子的帧间子空间结构关系和相邻斑块的局域相关性，通过局域低秩稀疏表示建模目标表观。Zhong 等人[59]融合基于全局模板的稀疏分类器和基于局域斑块空间信息的稀疏生成模型建立稀疏联合目标表观模型用于目标跟踪。Zhang 等人[69]在粒子滤波框架下通过低秩稀疏分解在线学习了目标的表观变化，考虑了连续时间目标表观的一致性，限制了遮挡、光照变化等环境复杂多变情况带来的干扰。虽然上述方法分别约束了候选粒子的低秩性和稀疏性，限制了复杂遮挡、光照变化对跟踪的影响，但没有考虑目标剧烈位移的情况。针对这一问题，本章借鉴融合 Lasso 模型[123]的建模思想，提出一种带有融合罚约束的低秩结构化稀疏表示目标跟踪算法，该算法利用混合范数稀疏描述局部斑块的结构信息，采用核范数低秩约束目标表观的时域相关性，惩罚稀疏表示系数的平滑性，进一步去除不相关粒子，从而提高目标跟踪的鲁棒性。

8.2 稀疏模型

稀疏表示是人类视觉系统感知并处理图像信息的主要方式，它可以利用有限的视觉神经元消除图像中冗余信息的干扰，获取图像复杂多变的主要特征信息。典型的稀疏编码过程可分为训练和测试两个阶段。

（1）训练阶段。训练阶段通过给定一组训练样本$[x_1,x_2,\ldots,x_m]$，并学习给定字典的基 $[D_1,D_2,\ldots\ldots]$，将样本信息表示为字典中少量基元素的线性组合，即

$$x = D\alpha \tag{8.1}$$

式中，编码表示系数$\alpha=[\alpha_1,\alpha_2,\cdots,\alpha_n]^T$（$n \ll m$）具有稀疏性。该处理阶段的任务是用尽可能少的非零系数表示图像的主要信息，从而简化后续图像处理问题的数值求解。图 8.1 所示为图像稀疏表示示意，图中白色区域表示零元素，黑色区域表示非零元素。

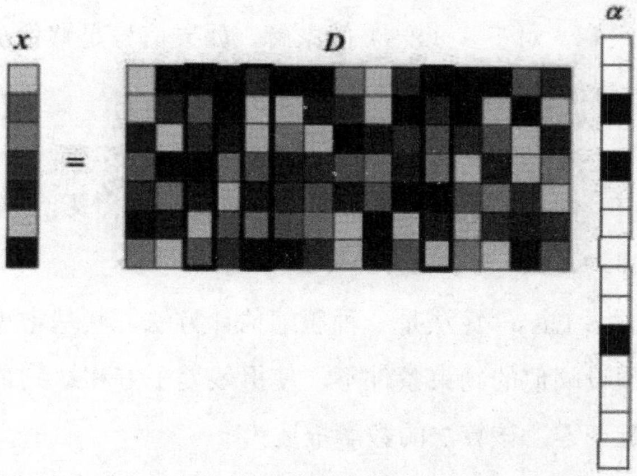

图 8.1　图像稀疏表示示意

稀疏表示系数中非零元素的个数应尽量少。稀疏性的度量通常采用l_p范数，即

$$\|x\|_p = \left(\sum_{i=1}^{N} |x|_i^p \right)^{1/p} \tag{8.2}$$

l_0 范数用于测度信号中非零元素的个数，l_1 范数用于测度信号中元素的绝对值之和，l_2 范数表示标准的欧式范数，l_∞ 范数用于测度信号中元素绝对值的最大值。可见，l_0 范数约束下的稀疏测度最为直观，公式（8.1）的求解可以转换为

$$\min\|\alpha\|_0, \qquad s.t. \quad x = D\alpha \tag{8.3}$$

的优化问题。

（2）测试阶段。测试阶段的主要任务是采用某种优化算法求解训练样本的稀疏编码模型。经典算法主要分为以下几种：

1）贪婪算法。贪婪算法的基本思想是以迭代的方式获取一系列局部最优解，最终选择全局最优解，每次贪婪选择后都将所求问题简化为一个子问题。该类算法中较为典型的有匹配追踪法、正交匹配追踪法和子空间追踪法。

匹配追踪法是用于稀疏分解求解的最基本方法之一，它以贪婪迭代的方式选择字典元素和信号向量剩余部分最相关的一列，使得在每次迭代过程中所选择的列与当前冗余向量具有最强相关性，最终能达到给定的稀疏度。

2）l_1 最小化求解。对于式（8.3）的求解，如果信号足够稀疏，优化问题中 l_0 范数可以用 l_1 范数近似替代，这样优化问题可转化为

$$\min\|\alpha\|_1, \qquad s.t. \quad x = D\alpha \tag{8.4}$$

该凸优化问题，常用的求解方法有迭代阈值收缩法、梯度投影法、近端梯度法和交替方向法等。

3）Lasso 算法。Lasso 算法是一种压缩估计方法，其基本思想是在回归系数绝对值之和小于预设阈值的约束条件下，使得残差平方和达到最小值，从而判定相应的回归系数等于零，该算法的数学描述为

$$\|x - D\alpha\|_2^2 \leqslant \varepsilon, \qquad s.t. \quad \min\|\alpha\|_1 \tag{8.5}$$

为了进一步约束相邻回归系数间的差异，使得估计值具有较大波动性，该模型可以转化为

$$\hat{\alpha} = \min_{\alpha} \frac{1}{2}\|x - D\alpha\|_2^2 + \lambda\|\alpha\|_1 \tag{8.6}$$

式中，第一项是对稀疏向量重建原始信号的约束，λ 为调整参数，用于重建误差和稀疏性的权重调节。λ 为 0 时，模型转化为 l_2 范数问题，分解后无法保证稀疏性。而 λ 较大时，过度追求稀疏性会导致重建误差增强。

8.3 低秩模型

视频的帧排列构成的矩阵可以聚类于几个子空间，呈现出低秩特性。其中，每帧图像很多区域是平坦且连续的，同样呈现出低秩特性。秩可认为是二阶稀疏性的度量，但由于各种因素的影响，通常采集到的图像数据会出现缺失或者变形现象，导致其低秩结构被破坏。去除高维信息，恢复数据的低秩结构，可以利用低秩优化方法实现。低秩优化模型可描述为

$$\min_{X} rank(X) \quad s.t. \quad \mathbb{F}(X)=D \tag{8.7}$$

式中，$\mathbb{F}(\cdot)$ 表示线性映射，将待估计的原始数据 X 变换到观测数据 D；$rank(\cdot)$ 表示矩阵的秩。

低秩约束实质上是最小化矩阵奇异值的 l_0 范数，故秩最小化问题可看成是 l_0 最小化问题由向量到矩阵的拓展。

低秩模型的一个重要应用是噪声污染数据的恢复，该问题可描述为给定稀疏噪声 E 污染下的观测矩阵 D，恢复低秩约束下的原始矩阵 X。图 8.2 所示为矩阵低秩分解示意。

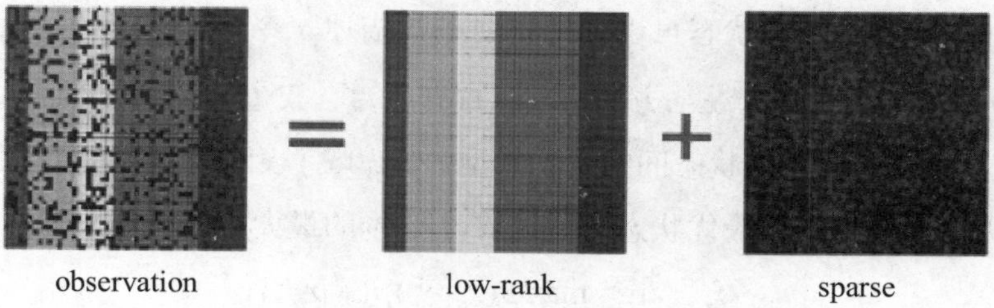

图 8.2 矩阵低秩分解示意

则低秩优化模型可转化为

$$\min_{X,E} rank(X)+\lambda\|E\|_0 \quad s.t. \quad D=X+E \tag{8.8}$$

式中，λ 是预设的调整参数。

模型中秩和 L_0 范数都具有离散性，属于 NP 难的组合优化问题。为了克服数值计算的困难，可把目标函数近似转换为凸函数，得到相应的凸规划问题，通常利用函数的凸包络做近似替换处理。矩阵秩的凸包络函数为矩阵的核范数，L_0 范数的凸包络函数为 L_1 范数，则优化问题［式（8.8）］可松弛为凸规划问题，即

$$\min_{X,E} \|X\|_* +\lambda\|E\|_1 \quad s.t. \quad D=X+E \tag{8.9}$$

式中，$\|\cdot\|_*$ 表示矩阵的核范数，为矩阵奇异值的和。

凸规划问题［式（8.9）］可大大降低算法的计算复杂度，其典型的求解算法有交替方向法和加速近邻梯度法。

8.4 目标跟踪框架

8.4.1 基于粒子滤波的运动模型

目标跟踪可以描述为贝叶斯滤波框架下对目标运动状态后验概率密度 $p(x_t \mid z_{1:t})$ 的持续估计问题。即通过式（8.10）估计 t 时刻的目标运动状态 x_t。

$$p(x_t \mid z_{1:t-1}) = \int p(x_t \mid x_{t-1})p(x_{t-1} \mid z_{1:t-1})dx_{t-1} \tag{8.10}$$

$$p(x_t \mid z_{1:t}) \propto p(z_t \mid x_t)p(x_t \mid z_{1:t-1}) \tag{8.11}$$

式中，z_t 表示 t 时刻的观测。

相邻帧间目标运动状态可以利用仿射参数描述。令 $x_t=[l_x,l_y,\theta,s,\alpha,\phi]^T$，这里 6 个仿射参数分别表示 x,y 方向位移，旋转角度，尺度因子，宽高比，斜切度。$p(x_t \mid x_{t-1})$ 表示两个相邻状态间的运动模型。$p(z_t \mid x_t)$ 表示观测模型，描述状态 x_t 情况下观测 z_t 的概率，最优状态可通过 N 个样本的最大后验概率来确定，即

$$\hat{x}_t = \arg_{x_t^i} \max p(z_t \mid x_t^i)p(x_t^i|x_{t-1}) \tag{8.12}$$

式中，x_t^i 表示第 t 帧的第 i 个样本。

8.4.2 具有融合罚约束的低秩结构化稀疏表示模型

稀疏表示方法通过字典元素的线性稀疏组合表示目标表观，因遮挡位置具有稀疏性，所以该方法能抑制遮挡因素的影响，但缺陷在于缺乏对图像特征的描述。低秩约束能将目标表观建模在低维子空间，提取候选目标的全局子空间结构，描述更为丰富的图像特征信息，抑制位置和光照变化的影响。但因候选粒子的子空间结构呈独立高斯分布，残留误差小且密集，不利于处理遮挡问题，所以这里将低秩和稀疏表示方法相结合以增强跟踪的精确性和鲁棒性。

稀疏跟踪的初期思想是通过 L_0 范数优化实现，但求解最稀疏解是一个 NP 难问题。改进为 L_1 范数优化问题后，仅能针对单变量进行变量选择，处理连续变量时没有考虑变量间的相关性问题。本章利用 $L_{1,2}$ 混合范数结构化稀疏约束表示系数，从而描述候选粒子间的相关性，并考虑到全局稀疏表示法不能解决遮挡问题，通过在候选粒子中选取局部斑块引入局域表观信息，保护候选粒子间及其局部斑块间空间布局结构来解决遮挡问题。

基于低秩稀疏表示的目标表观建模方法，可以利用目标表观的时间一致性特性改善跟踪性能，即通过相邻帧间目标表观的相似性去除不相关粒子，降低计算复杂度。本章借鉴融合 Lasso 罚模型的建模思想，在表观模型中引入融合罚项，对稀疏系数差分的绝对值进行约束，以保证稀疏系数间有相应的顺序联系并且大部分系数与其邻近系数接近。这样在保证表示系数稀疏性的同时，使其连续性差异亦稀疏。

在目标表观时域一致性限制的基础上，引入时域平滑性约束。初始化字典模板构建模板库，在新帧中根据预测的粒子运动状态在小范围内随机采样候选粒子，归一化为模板尺寸。利用重叠滑动窗在归一化的候选粒子中选取局部斑块，按列存储，表示为字典模板的线性稀疏组合。在具有融合罚约束的结构化稀疏表示基础上，利用核范数低秩描述目标表观的全局时域相关性，最终建立目标表观优化模型为

$$\min_{Z} \frac{1}{2}\left\|X^k - D^k Z^k\right\|_2^2 + \lambda_1 \left\|Z^k\right\|_* + \frac{\lambda_2}{\sqrt{n}}\left\|Z^k\right\|_{1,2} + \lambda_3 \sum_{i=2}^{n}\left|z_i^k - z_{i-1}^k\right| \quad (8.13)$$

模型的构建分别通过对重构误差、低秩约束、结构化稀疏表示和融合罚项的最小化描述目标跟踪问题。式中，$X^k=[x_1^k,x_2^k,\cdots,x_n^k]$，$x_i^k$ 表示第 k 个候选中第 i 个斑块的观测；$D^k=[d_1^k,d_2^k,\cdots,d_m^k]$，$d_i^k$ 表示第 k 个候选的第 i 个字典模板；$Z^k=[z_1^k,z_2^k,\cdots,z_n^k]$，$z_i^k$ 表示第 k 个候选中第 i 个斑块的表示系数；n 表示斑块数，m 表示模板数；λ_1，λ_2，λ_3 表示调整参数；$\|\cdot\|_*$ 表示核范数；$\|\cdot\|_{1,2}$ 表示 $L_{1,2}$ 混合范数，定义为

$$\left\|Z^k\right\|_{1,2}=\left[\left(\sum\nolimits_i\left|Z_{ij}\right|\right)^{\frac{1}{2}}\right]^2 \tag{8.14}$$

由定义可知，利用 $L_{1,2}$ 混合范数约束稀疏表示系数能保证其具有列向稀疏性，同时还能实现仅用少数且相同的字典模板稀疏表示粒子斑块，从而有效描述候选粒子间及其内部斑块间的空间布局结构关系和相关性。

8.4.3 观测模型

利用直方图交叉函数度量候选粒子与模板间的相似性，依据相似性测度选取具有最大似然概率的粒子作为对应时刻的跟踪目标来构建观测模型。模板直方图用第一帧目标区域中各斑块的稀疏系数表示，候选直方图用后续帧序列候选粒子中各斑块的稀疏系数表示，具体定义为

$$\rho=[z_1,z_2,\cdots,z_n] \tag{8.15}$$

为了进一步处理遮挡问题，这里通过加权重构直方图去除被遮挡的斑块。将重构误差较大的斑块认定为遮挡斑块，对应的稀疏系数置 0，加权后的直方图定义为

$$\varphi=\rho\circ o \tag{8.16}$$

式中，$\circ$ 表示数量积；o 表示遮挡因子。

并有

$$o_i=\begin{cases}1 & \varepsilon_i<\varepsilon_0\\ 0 & otherwise\end{cases} \tag{8.17}$$

式中，$\varepsilon_i=\left\|x_i^k-Dz_i^k\right\|_2^2$ 表示斑块的重构误差；ε_0 为预设阈值。

最终，基于相似性度量定义候选区域的观测模型为

$$p(z_t \mid x_t)=\sum_{j=1}^{m\times n}\min(\varphi_c^j,\psi^j) \tag{8.18}$$

式中，φ_c 表示第 c 个候选粒子的直方图；ψ 表示模板的直方图。

8.4.4 在线优化机制

因为目标表观优化模型［式（8.13）］中调整项为非平滑的凸函数，不易于直接求解，所以我们引入等式限制和松弛变量，将模型转化为

$$\min_{Q_1,Q_2,Q_3,Q_4}\frac{1}{2}\left\|X^k-Q_1^k\right\|_2^2+\lambda_1\left\|Q_2^k\right\|_*+\frac{\lambda_2}{\sqrt{n}}\left\|Q_3^k\right\|_{1,2}+\lambda_3\sum_{i=2}^{n}\left|Q_4^k\right|$$

$$s.t.\begin{cases}Q_1^k=D^kZ^k\\Q_2^k=Z^k\\Q_3^k=Z^k\\Q_4^k=z_i^k-z_{i-1}^k\end{cases} \tag{8.19}$$

并利用交替式迭代优化策略对其求解。下面给出具体求解步骤：

（1）固定Q_2，Q_3，更新Q_1，Q_4，对应的模型为

$$\min_{Q_1,Q_4}\frac{1}{2}\left\|X^k-Q_1^k\right\|_2^2+\lambda_3\sum_{i=2}^{n}\left|Q_4^k\right| \tag{8.20}$$

式中，$Q_4^k = Q_1^k\cdot R$，矩阵 R 定义为

$$R=\begin{bmatrix}-1 & & & & \\ 1 & -1 & & & \\ & 1 & \ddots & & \\ & & \ddots & -1 \\ & & & 1\end{bmatrix} \tag{8.21}$$

令 $f(Q_1^k)=\frac{1}{2}\left\|X^k-Q_1^k\right\|_2^2$，$g(Q_1^k)=\lambda_3\sum_{i=2}^{n}\left|Q_1^kR\right|$，$L$ 为 ∇f 的 Lipschitz 常数。定义

$$p_L(Y)=\underset{Q_1}{\operatorname{argmin}}\frac{1}{2}\left\|Q_1^k-\left[Y-\frac{1}{L}\nabla f(Y)\right]\right\|_F^2+Lg(Q_1^k) \tag{8.22}$$

利用快速迭代阈值收缩算法（Fast Iterative Shrinkage-Thresholding Algorithm，FISTA）计算调整项的近似算子，通过迭代 $j=1,2,\cdots,J$，得到式（8.20）的解。理论上讲，算法的收敛速度能够达到$\mathrm{O}(1/n^2)$。具体迭代步骤如下：

1）初始化：$(Q_1^k)^0=Y^1, t^1=1$

2）迭代：

$$\begin{cases}(Q_1^k)^j=p_L(Y^j)\\ t^{j+1}=\dfrac{1+\sqrt{1+4(t^j)^2}}{2}\\ Y^{j+1}=(Q_1^k)^j+\left(\dfrac{t^j-1}{t^{j+1}}\right)[(Q_1^k)^j-(Q_1^k)^{j-1}]\end{cases} \tag{8.23}$$

（2）固定Q_3，Q_4，更新Q_1，Q_2，对应的模型为

$$\min_{Q_1,Q_2}\frac{1}{2}\left\|X^k-Q_1^k\right\|_2^2+\lambda_1\left\|Q_2^k\right\|_* \tag{8.24}$$

令$f(Q_2^k)=\dfrac{1}{2}\left\|X^k-\mathrm{D}^kQ_2^k\right\|_2^2$，$g(Q_2^k)=\lambda_1\left\|Q_2^k\right\|_*$。仍利用 FISTA 计算调整项的近似算子，求解模型。

（3）固定Q_2，Q_4，更新Q_1，Q_3，对应的模型为

$$\min_{Q_1,Q_3}\frac{1}{2}\left\|X^k-Q_1^k\right\|_2^2+\frac{\lambda_2}{\sqrt{n}}\left\|Q_3^k\right\|_{1,2} \tag{8.25}$$

依据上面的定义$Q_1^k=D^kZ^k$，$Q_3^k=Z^k$，利用块坐标下降法求解模型，每一次的坐标更新需要$O(n)$个操作，具体迭代步骤如下：

1）初始化：$(Z^k)^0$，$R=X^k-D^k(Z^k)^0$

2）迭代：

$$R^j=R+D^k(Z^k)^j \tag{8.26}$$

$$(Z^k)^{j+1}=\begin{cases}0 & \left\|(D^k)^{\mathrm{T}}[X^k-D^k(Z^k)^j]\right\|<\dfrac{\lambda_2}{\sqrt{n}}\\ \left[1-\dfrac{\lambda_2}{\sqrt{n}\left\|(D^k)^{\mathrm{T}}R^j\right\|_{1,2}}\right](D^k)^{\mathrm{T}}R^j & otherwise\end{cases} \tag{8.27}$$

$$R=R^j-D^k(Z^k)^j \tag{8.28}$$

8.4.5 模板直方图更新策略

为了适应目标表观的多样性变化，减轻跟踪漂移，这里通过式（8.29）更新字典模板的直方图，

$$\psi_n = \mu\psi_f + (1-\mu)\psi_g \quad \text{if} \ O_n < O_0 \tag{8.29}$$

式中，ψ_f 表示在第一帧手动设置的跟踪结果的直方图；ψ_g 表示每次更新前的直方图；μ 表示权重；O_0 表示预设阈值；O_n 表示新帧中跟踪结果的遮挡因子。

通过式（8.17）中的遮挡向量计算，即

$$O_n = \frac{1}{n}\sum_{i=1}^{n}(1-o_i) \tag{8.30}$$

模板直方图更新的思想是，每当遮挡因子 O_n 小于预设阈值 O_0 时更新模板直方图，并在保留第一帧模板直方图 ψ_f 的同时，引入新的跟踪结果。

8.5 实验结果与分析

为了验证算法的有效性，基于 MATLAB 2015b 实验平台，利用 faceocc2 和 shaking 两组常用视频序列，实验对比本章算法与 LLR[65]，SCM[59]，LRT[69]三种主流算法的跟踪效果。算法参数设置如下：图像模板大小为 32×32，斑块大小为 6×6，斑块数为 196，字典模板数为 50，采样粒子数为 100。正则化参数 $\lambda_1 = 0.01$，$\lambda_2 = 0.1$，$\lambda_3 = 0.01$。阈值 $\varepsilon_0 = 0.04$，$O_0 = 0.8$，权重 $\mu = 0.95$。

8.5.1 范数空间建模对稀疏表示系数的影响

目标表观的稀疏表示建模在不同范数空间，获取的稀疏表示系数具有较大差异性。图 8.3 所示为视频 faceocc2 中第一帧的稀疏表示系数分布情况，图中颜色越亮的位置对应的稀疏表示系数值越大。实验结果表明，L_0 范数空间下的稀疏表示，表示系数中非零值呈均匀分布；L_1 范数空间下的稀疏表示，表示系数中非零值间无相关性，呈独立分布。L_0 范数较 L_1 范数稀疏性更强，分散表示能增强区分能力。L_1 范数视各像素相互独立，更强调重构能力。$L_{1,2}$ 混合范数空间下的稀疏

表示，表示系数中非零值的分布呈现了结构性信息，有利于描述目标表观的结构性特征，惩罚候选粒子中各斑块间的相似性，适用于处理遮挡问题。

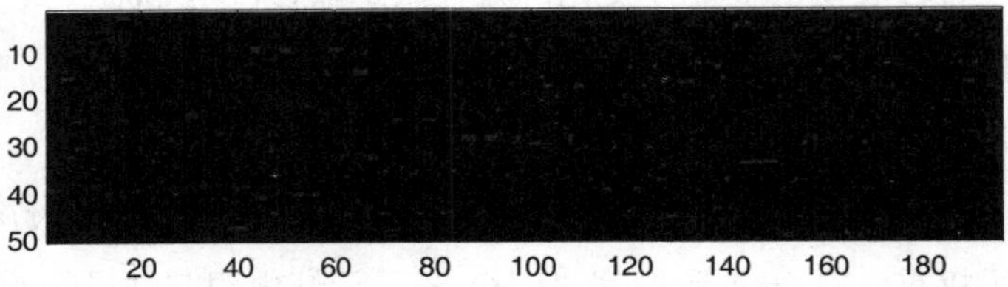

（a）L_0 范数空间

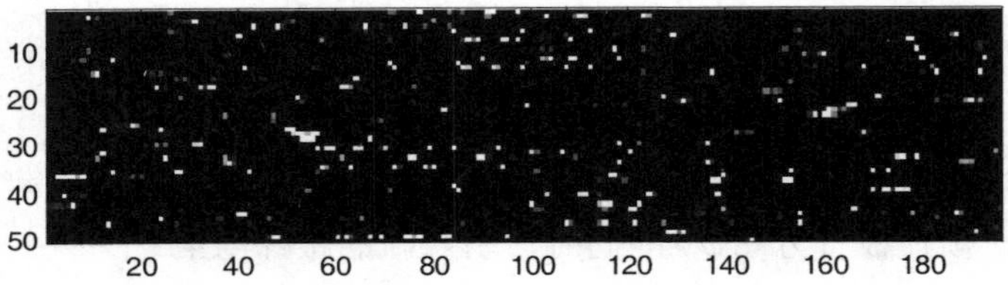

（b）L_1 范数空间

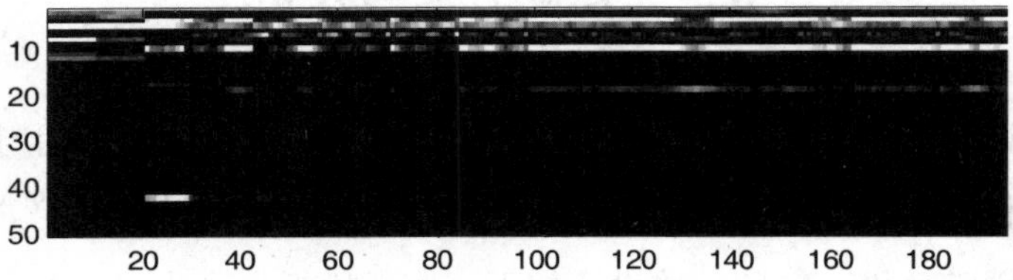

（c）L_{12} 混合范数空间

图 8.3 稀疏表示系数的比较

8.5.2 目标跟踪效果的比较

第一组实验，分别使用四种算法跟踪目标在旋转和被严重遮挡情况下的运动。图 8.4 所示为视频 faceocc2 中几种算法对人脸运动的代表性跟踪效果对比。当同时存在人脸旋转（平面旋转或侧转）和遮挡等复杂情况时，例如第 427 帧和第 582 帧，LLR 算法因缺少对时间一致性的限制，随着帧数的增加，产生跟踪漂移现象。

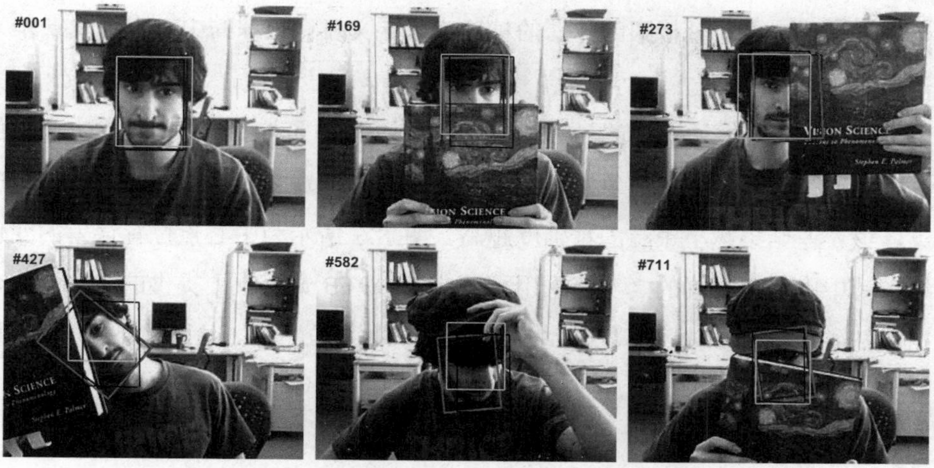

LRT SCM LLR 本书算法

图 8.4 视频 faceocc2 中几种算法对人脸运动的代表性跟踪效果对比

第二组实验，分别使用四种算法跟踪目标在突然运动，表观变化和剧烈光照变化情况下的运动。图 8.5 所示为视频 shaking 中几种算法对人脸运动的代表性跟踪效果对比。SCM 算法因没有融入低秩限制，缺少对图像特征的描述，所以对表观变化和位置变化比较敏感，例如第 260 帧和第 365 帧，随着帧数的增加，最终跟踪失败。

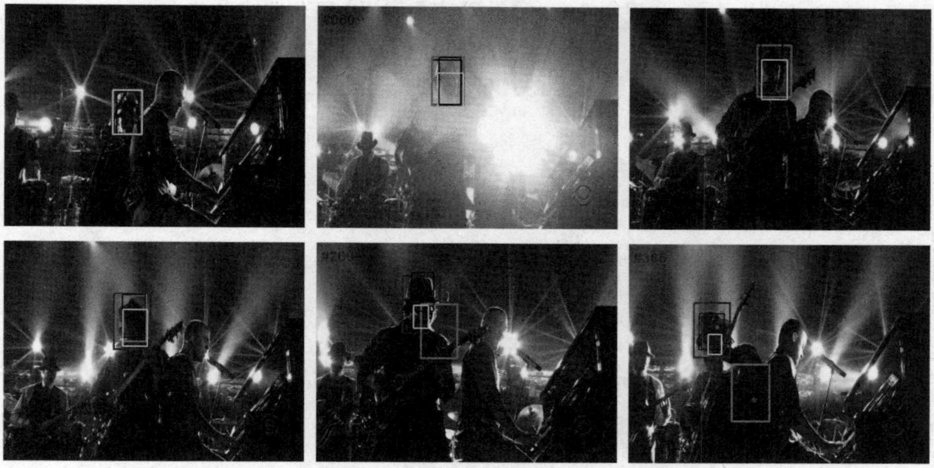

LRT SCM LLR 本书算法

图 8.5 视频 shaking 中几种算法对人脸运动的代表性跟踪效果对比

为了进一步定量分析跟踪算法的精确度，定义目标跟踪的中心点位置误差为

$$CPE = \sqrt{(x_i - x_c)^2 + (y_i - y_c)^2} \tag{8.31}$$

式中，(x_i, y_i) 表示算法输出的目标中心点位置，(x_c, y_c) 表示真实的目标中心点位置。中心点位置误差描述了算法输出的目标框中心与真实的目标框中心间的欧氏距离，该误差结果越小跟踪的精确度越高。图 8.6 所示为中心点位置误差的变化曲线，其中中心点位置的真实值采用了 VOT 和 OTB 数据集中提供的 groundtruth 数据。实验结果表明，本章算法始终能够更准确地定位目标，对目标外观变化（目标旋转）和复杂环境干扰（严重遮挡、光照变化）具有较强的鲁棒性。

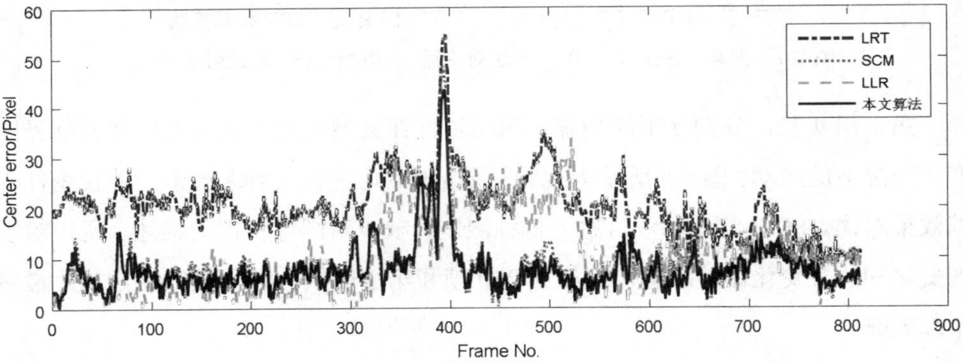

（a）视频 faceocc2 中心点位置误差变化曲线

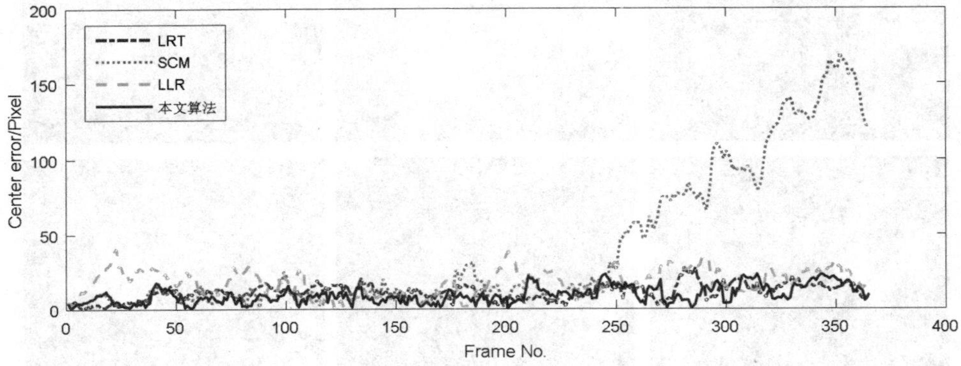

（b）视频 shaking 中心点位置误差变化曲线

图 8.6　中心点位置误差的变化曲线

本章算法在 LRT 算法的基础上，考虑目标表观时间一致性的同时，还考虑了目标表观的时域平滑性，当目标表观发生突然变化时，跟踪效果有显著性增强，并能实现稳定跟踪。

8.6 本章小结

由于在目标跟踪任务中，目标外观变化、突然运动和复杂环境干扰等问题严重影响其精确性和稳定性，所以本章提出了一种融合罚约束下的低秩结构化稀疏表示目标跟踪算法来解决这一问题。针对遮挡情况，该算法利用混合 $L_{1,2}$ 范数稀疏表示候选粒子的局部斑块，描述候选粒子间及其内部斑块间空间布局结构关系；针对外观变化问题，该算法利用核范数低秩描述目标表观的全局时域相关性；针对目标突然运动问题，该算法引入融合罚约束，在限制目标表观时间一致性的同时，保证其变化的平滑性。仿真实验验证了本章所提跟踪算法的有效性。

第 9 章 反向低秩稀疏约束下的融合 Lasso 目标跟踪算法

9.1 引言

视觉目标跟踪技术是模式识别、机器视觉等领域的一个重要研究内容，并广泛应用于安防监控、智能交通、医学诊断等领域。但在实际场景中，该技术经常面临目标外观变化（目标旋转、尺度变化）、复杂环境干扰（遮挡、光照骤变）、目标突变运动等问题，从而导致跟踪漂移，严重影响跟踪结果。因此，改善复杂场景环境下视觉目标跟踪的精确性和实时性，具有重要的研究意义。

稀疏表示方法因其具有低存储需求的优势，同时还能克服遮挡和噪声带来的跟踪漂移问题，广泛应用于目标跟踪领域，但该方法仍有不足之处，即目标模板缺乏图像全局特征信息。低秩约束方法能将目标表观建模在低维子空间，子空间表达可以提取丰富的图像特征，从而增强目标跟踪对光照和位置变化的鲁棒性。所以将稀疏表示和低秩约束方法相结合能增强跟踪的精确性。Zhang 等人[69]通过字典模板的线性稀疏表示和表示系数的低秩约束学习候选粒子，同时融合目标表观的时域一致性限制，抑制了遮挡等复杂环境带来的干扰问题。Zhong 等人[59]联合稀疏分类器和稀疏生成模型建立稀疏联合目标表观模型，实现鲁棒目标跟踪。Sui 等人[65]结合帧间子空间结构和相邻斑块的局域相关性限制，在粒子滤波框架下低秩稀疏表示目标表观。Wang 等人[124]利用时空连续性限制，在局域加权距离度量下构建了基于稀疏表示的目标算法。上述方法分别在不同程度上限制了复杂遮挡、光照变化、位置变化等因素带来的负面效应，但均没有考虑目标突变运动和跟踪效率问题。为此，本章提出了一种反向低秩稀疏约束下的融合 Lasso 目标跟踪算法，该算法引入融合 Lasso 模型获取跳跃信息，适应目标的突变运动现象，通过核范数低秩表示目标表观的时域相关性，去掉不相关候选粒子，并利用反向稀疏表示描述目标模板的局域信息，降低在线优化计算的复杂度，提高跟踪效率。

9.2 目标表示模型

9.2.1 粒子滤波框架

粒子滤波是一种贝叶斯重要性采样技术，用于估计动态系统中状态变量的后验分布情况。目标跟踪作为一种典型的动态状态持续估计问题，可以在粒子滤波框架下描述。假定 x_t 表示跟踪目标在 t 时刻的状态， y_t 表示该时刻对应的观测，则运动状态的后验概率 $p(x_t \mid y_{1:t})$ 可通过式（9.1）进行递归估计，

$$p(x_t \mid y_{1:t-1}) = \int p(x_t \mid x_{t-1}) p(x_{t-1} \mid y_{1:t-1}) \mathrm{d}x_{t-1} \tag{9.1}$$

$$p(x_t \mid y_{1:t}) \propto p(y_t \mid x_t) p(x_t \mid y_{1:t-1}) \tag{9.2}$$

式中， $p(x_t \mid x_{t-1})$ 表示运动模型； $p(y_t \mid x_t)$ 表示观测模型。

这里利用仿射变换建模跟踪目标的运动模型，令 $x_t = [l_x, l_y, \theta, s, \alpha, \phi]^T$ ，其中各仿射参数分别表示 x, y 方向平移、旋转角度、尺度、纵横比、斜切度。最优状态可通过N个样本的最大后验概率来确定，即

$$\hat{x}_t = \arg_{x_t^i} \max p(y_t \mid x_t^i) p(x_t^i | x_{t-1}) \tag{9.3}$$

式中， x_t^i 表示第 t 时刻的第 i 个样本。

9.2.2 融合 Lasso 模型

Lasso 是一种变量选择模型，模型解具有稀疏性。假定 y 表示观测数据，D 表示字典， α 表示对应的表示系数，则 Lasso 模型可表示为

$$\hat{\alpha} = \arg\min_{\alpha} \|y - D\alpha\|_2^2 + \lambda \|\alpha\|_1 \tag{9.4}$$

式中，λ 表示调整参数。

第一项为重构误差项，保证字典表示后的数据与原始数据间误差尽量小；第

二项为惩罚项，使绝对值较小的表示系数收缩为 0，实现变量选择和稀疏限制。该模型已被应用于视觉目标跟踪，但其不足之处在于，当处理连续变量时不能考虑变量间的顺序，对所有系数进行同等程度的收缩，从而易导致绝对值较大的系数过度收缩。故这里引入融合 Lasso 模型，限制目标表观在相邻帧间具有较小差异的同时，允许个别帧间存在较大差异性，从而获取跳跃信息，适应目标的突变运动。

融合 Lasso 模型作为 Lasso 模型的扩展[125]，不仅对表示系数进行稀疏约束，还对相邻变量表示系数间的连续性差异进行稀疏限制。融合 Lasso 模型可表示为

$$\hat{\alpha} = \arg\min_{\alpha} \|y - D\alpha\|_2^2 + \lambda_1 \|\alpha\|_1 + \lambda_2 \sum_{i=2}^{N} |\alpha_i - \alpha_{i-1}| \tag{9.5}$$

式中，y 表示候选的观测；λ_1，λ_2 表示调整参数；α_i 表示系数的第 i 个元素；N 表示帧数。

第三项为融合罚项，作用是对相邻变量表示系数的连续性差异进行稀疏限制。

9.2.3 反向低秩稀疏约束下的融合 Lasso 模型

融合 Lasso 模型通过字典元素的稀疏组合表示目标表观，能适应目标的突变运动，同时因遮挡位置具有稀疏性特征，该方法还能克服遮挡因素的影响，但不足之处在于缺乏对图像全局特征的描述。考虑到大多数连续目标表观具有相似性，所以可以选择有代表性的观测获取目标表观的主要特征。而低秩限制能将连续目标表观建模在低维子空间，子空间表达可以提取丰富的图像特征，从而抑制位置、光照变化的影响。所以这里将低秩约束引入到融合 Lasso 模型以增强跟踪的鲁棒性。

在粒子滤波框架下，低秩约束下的融合 Lasso 模型利用目标模板的线性稀疏组合表示候选区域，模型求解涉及大量 L_1 优化问题的计算，计算复杂度随着候选粒子的数目呈线性增加。考虑到这一问题，这里引入反向稀疏表示的思想，即利用候选粒子反向线性稀疏表示目标模板，因模板数明显小于采样粒子数，这样可大大降低在线跟踪的计算复杂度。低秩约束通过相邻帧间目标表观的相似性去除不相关粒子，但当目标突变运动时，利用目标模板表示候选区域相当于将候选粒

子的选取限定在图像的小范围区域内，这样相邻帧间不满足目标表观一致性，易导致跟踪漂移现象。而反向稀疏表示方法利用候选粒子稀疏表示目标模板，在有效避免这一问题的同时还增强了跟踪的实时性和鲁棒性。再有，考虑到全局稀疏表示法不易解决局部遮挡问题，这里通过非重叠均匀分割的方式提取候选粒子中的局部斑块，按列存储，从而描述目标的局域表观信息。

在融合 Lasso 模型框架下，结合低秩限制和反向稀疏描述，本章提出一种反向低秩稀疏约束下的融合 Lasso 模型，表示为

$$\alpha^* = \arg\min_{\alpha} \|t - D\alpha\|_2^2 + \lambda\|\alpha\|_* + \lambda_1\|\alpha\|_1 + \lambda_2\sum_{i=2}^{N}|\alpha_i - \alpha_{i-1}| \tag{9.6}$$

式中，t 表示目标模板；λ，λ_1，λ_2 表示调整参数；$\|\cdot\|_*$ 表示核范数。

鉴于秩最小化问题是一个 NP 难问题，用核范数凸近似低秩约束。首先，在视频第一帧中通过人工标记的方法获取初始目标模板 t_1。保留连续帧的跟踪结果，利用对应的向量化的灰度观测构建目标模板矩阵 t。然后，通过粒子滤波方法基于运动模型在当前帧采样 K 个候选状态 $\{x_i^k\}_{k=1}^K$，用对应的观测图像向量 $\{y_i^k\}_{k=1}^K$ 形成字典 $D=[y_i^1, y_i^2, \cdots, y_i^K]$。这样，可以通过候选粒子反向表示目标模板，即 $t = D\alpha - E$，其中 E 表示重构误差。

通过模型［式（9.6）］各帧中的每个候选粒子被赋予一个表示系数，利用表示系数的幅值可以度量目标与该候选的相似性。表示系数幅值较大的候选更可能属于目标类，计算最优状态时其对重构模板的贡献应该越大，即赋予更大的权值，反之应赋予较小的权值。归一化表示系数获取候选状态的观测概率，构建观测模型，即

$$p(y_i^k \mid x_i^k) = \frac{\alpha_i^k}{\sum_{k=1}^{K}\alpha_i^k}, \quad k = 1,2,\ldots,K \tag{9.7}$$

式中，α_i^k 表示第 i 帧第 k 个候选的表示系数。

对应于获取状态的观测采样被认定为跟踪结果。这样，在线跟踪中各帧表示系数的计算仅需求解 1 个 L_1 最小化问题。

9.3 在线跟踪优化策略

9.3.1 数值算法

由于目标表观优化模型［式（9.6）］中调整项含非凸函数，不易直接求解，所以引入等式限制和松弛变量，将模型转化为

$$\alpha^* = \underset{Q_1,Q_2,Q_3,Q_4}{\arg\min} \|t-Q_1\|_2^2 + \lambda\|Q_2\|_* + \lambda_1\|Q_3\|_1 + \lambda_2\sum_{i=2}^{N}|Q_4| \quad s.t.\begin{cases} Q_1 = D\alpha \\ Q_2 = \alpha \\ Q_3 = \alpha \\ Q_4 = \alpha_i - \alpha_{i-1} \end{cases} \tag{9.8}$$

并利用交替式迭代优化策略对其求解，具体步骤如下：

（1）固定Q_2、Q_3，更新Q_1、Q_4，对应的模型为

$$\underset{Q_1,Q_4}{\arg\min}\|t-Q_1\|_2^2 + \lambda_2\sum_{i=2}^{N}|Q_4| \tag{9.9}$$

式中，$Q_4 = D^{-1}Q_1R$，矩阵R定义为

$$R = \begin{bmatrix} -1 & & & & \\ 1 & -1 & & & \\ & 1 & \ddots & & \\ & & \ddots & -1 & \\ & & & 1 \end{bmatrix} \tag{9.10}$$

令$f(Q_1) = \|t-Q_1\|_2^2$，$g(Q_1) = \lambda_2\sum_{i=2}^{N}\left|D^{-1}Q_1R\right|$，$L$为$\nabla f$的 Lipschitz 常数。定义

$$p_L(Y) = \underset{Q_1}{\arg\min}\left\|Q_1 - \left[Y - \frac{1}{L}\nabla f(Y)\right]\right\|_F^2 + Lg(Q_1) \tag{9.11}$$

利用 FISTA 计算调整项的近似算子，通过迭代$j=1,2,\cdots,J$，得到式（9.9）的解。具体迭代步骤如下：

1）初始化：$(Q_1)^0 = Y^1$，$\gamma^1 = 1$

2）迭代：

$$\begin{cases}(Q_1)^j = p_L(Y^j) \\ \gamma^{j+1} = \dfrac{1+\sqrt{1+4(\gamma^j)^2}}{2} \\ Y^{j+1} = (Q_1)^j + \left(\dfrac{\gamma^j - 1}{\gamma^{j+1}}\right)[(Q_1)^j - (Q_1)^{j-1}]\end{cases} \tag{9.12}$$

（2）固定Q_3、Q_4，更新Q_1、Q_2，对应的模型为

$$\arg\min_{Q_1,Q_2} \|t - Q_1\|_2^2 + \lambda\|Q_2\|_* \tag{9.13}$$

令$f(Q_2)=\|t-DQ_2\|_2^2$，$g(Q_2)=\lambda\|Q_2\|_*$。仍利用 FISTA 计算调整项的近似算子，求解模型。

（3）固定Q_2、Q_4，更新Q_1、Q_3，对应的模型为

$$\arg\min_{Q_1,Q_3} \|t - Q_1\|_2^2 + \lambda_1\|Q_3\|_1 \tag{9.14}$$

依据前面的定义$Q_1 = D\alpha$，$Q_3=\alpha$，该模型为典型的 Lasso 问题。这里基于最小角回归算法（LARS）求解模型，并利用 SPAMS 开源稀疏优化工具箱实现。

9.3.2 模板更新机制

为了适应目标表观变化，避免出现跟踪漂移现象，这里通过式（9.15）局部更新目标模板。

$$t_i = \mu t_{i-1} + (1-\mu) r_i,\ if \|t_{i-1} - r_i\|^2 < \tau \tag{9.15}$$

式中，t_i表示新目标模板，r_i表示当前跟踪结果，t_{i-1}表示前帧存储的目标模板，μ表示权重，τ表示经验预设的阈值，用于界定目标表观变化的程度。该机制能有效获取目标表观变化情况，并且当存在局部遮挡时，能够去除被遮挡的斑块，从而将没被遮挡的局部斑块更新到新目标模板。

9.4 实验结果与分析

为了验证算法在复杂场景下跟踪的有效性，基于 MATLAB 2015b 实验平台，利用 OTB 数据集中 faceocc2、singer1、boy、deer 四组标准视频序列进行测试，

这些序列中涵盖了严重遮挡、光照骤变、尺度变化、突变运动等挑战因素。实验中对比了本章算法与 LRT[69]、SCM[59]、LLR[65]、IST[124]四种目前较为热点的算法的跟踪效果。算法参数设置如下：图像模板大小为 32×32，局部斑块大小为 8×8，候选粒子采样数为 300。调整参数 $\lambda = 0.1$，$\lambda_1 = 0.1$，$\lambda_2 = 0.01$。权重 $\mu = 0.95$，阈值 $\tau = 0.1$。

9.4.1 定性实验

目标遮挡情况：视频 faceocc2 中存在目标外观变化和频繁局部遮挡问题。图 9.1 所示为几种算法对人脸运动的代表性跟踪效果对比。可见，几种算法均利用稀疏表示方法在不同程度上克服了遮挡因素的影响，特别是第 712 帧当目标被严重遮挡时均能实现有效跟踪。但当同时存在人脸旋转（平面旋转或侧转）和遮挡等复杂情况时，例如第 422 帧和第 581 帧，LLR 算法因缺少对时间一致性的考虑，个别帧存在跟踪漂移现象。IST 算法对目标表观严重变化情况较为敏感，例如第 581 帧。本章算法通过局部稀疏表示和模板在线更新，能实现有效跟踪。

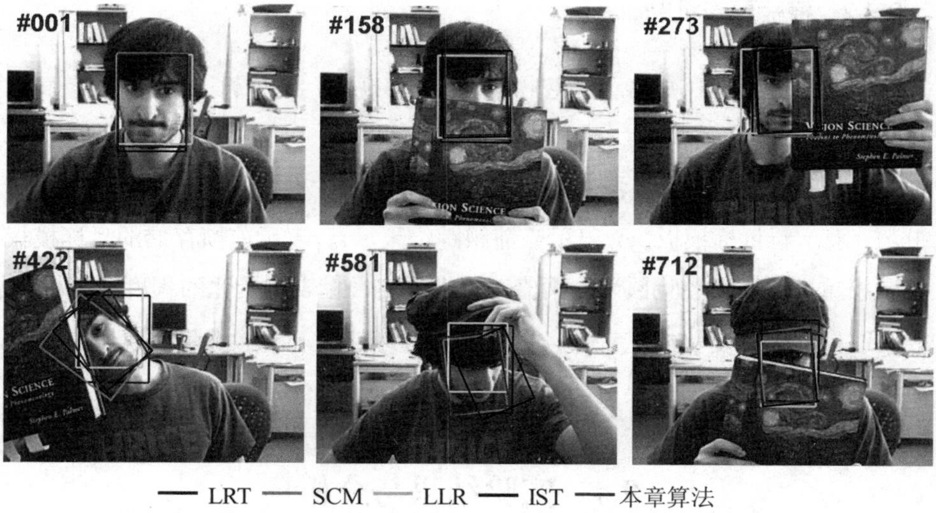

图 9.1　几种算法对人脸运动的代表性跟踪效果对比

光照、尺度变化情况：视频 singer1 中存在剧烈光照变化和快速尺度变化问题。

图 9.2 所示为几种算法对歌手运动的代表性跟踪效果对比。从图中可以看出，LRT 算法在该场景下不能有效获取目标位置信息，跟踪失败。而本章算法在应对光照和尺度变化时，通过对目标表观的低秩约束描述帧间相似性，实现了鲁棒跟踪。

图 9.2 几种算法对歌手运动的代表性跟踪效果对比

突变运动情况：视频 boy 和 deer 中存在目标突变运动问题，导致目标表观和位置快速变化。图 9.3 和图 9.4 所示为几种算法对视频 boy 和视频 deer 中目标运动的代表性跟踪效果对比。视频 boy 的目标跟踪中，LRT、LLR 和 IST 三种算法对目标突变运动问题敏感，跟踪结果漂移到视频帧中不同区域（例如第 487 帧和第 585 帧）。视频 deer 的目标跟踪中，LRT、LLR 和 IST 算法仍存在不同程度的跟踪漂移现象，特别是 SCM 算法，在第 68 帧后丢失目标，跟踪失败。本章算法因引入了反向稀疏表示的思想，同时利用了融合罚约束，允许个别帧间存在较大目标表观变化，能实现稳定跟踪。

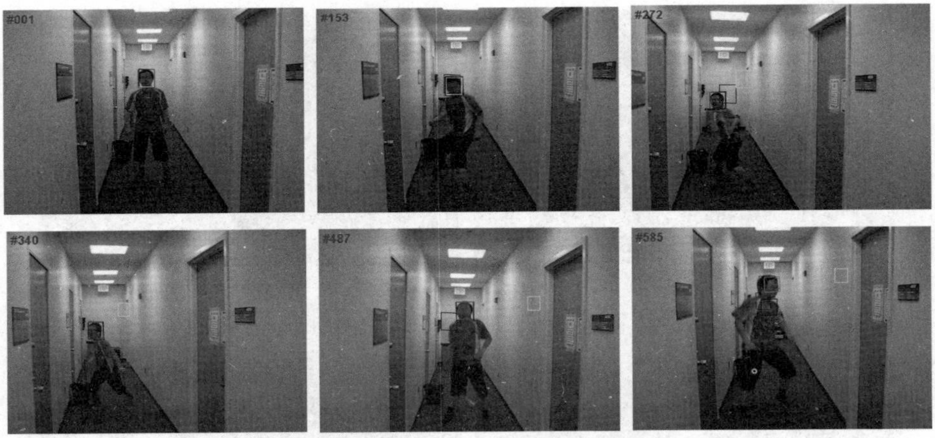

— LRT — SCM — LLR — IST — 本章算法

图 9.3　几种算法对视频 boy 中目标运动的代表性跟踪效果对比

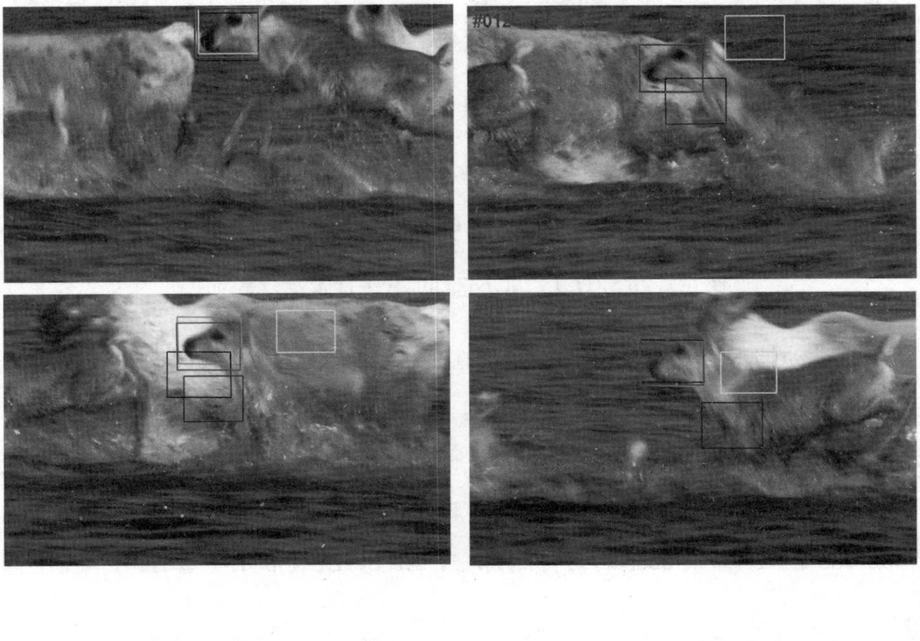

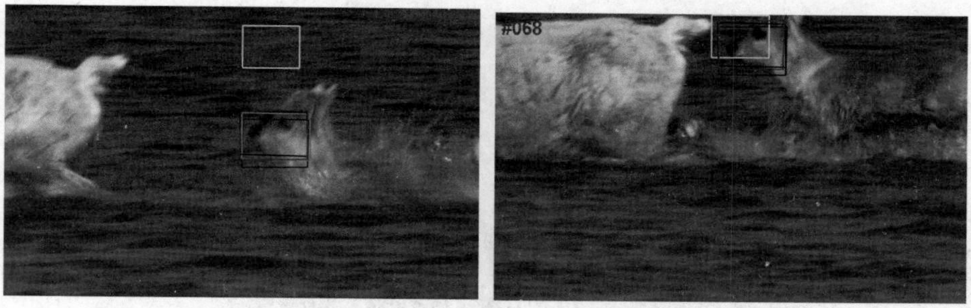

— LRT — SCM — LLR — IST — 本章算法

图 9.4 几种算法对视频 deer 中目标运动的代表性跟踪效果对比

9.4.2 定量实验

为了定量分析比较跟踪算法的精确度，定义目标跟踪的中心点位置误差为

$$CPE=\sqrt{(x_i-x_c)^2+(\mathrm{y}_i-y_c)^2} \tag{9.16}$$

式中，(x_i,y_i) 表示跟踪目标的中心点位置；(x_c,y_c) 表示真实的目标中心点位置。

中心点位置误差度量了跟踪目标的目标框中心与真实的目标框中心间的欧氏距离，该数值结果越小跟踪的精确度越高。图 9.5 所示为各算法的中心点位置误差变化曲线，其中中心点位置的真实值采用 OTB 数据集中提供的 groundtruth 数据。实验结果表明，目标面临严重遮挡时几种算法跟踪误差均明显增大，但遮挡消失后跟踪精度均能有效恢复，如图 9.5（a）所示（约 400 帧时 faceocc2 序列中目标脸侧转同时被杂志严重遮挡的情况）。视频存在剧烈光照、尺度变化时，本章算法的跟踪精度明显优于 LRT 和 LLR 算法，如图 9.5（b）所示。特别要指出的是，本章算法主要优势在于目标出现突然运动或大幅位置变化时，明显具有更高的跟踪精确度，如图 9.5（c）和图 9.5（d）所示（boy 和 deer 序列中人脸和鹿头的运动跟踪情况）。

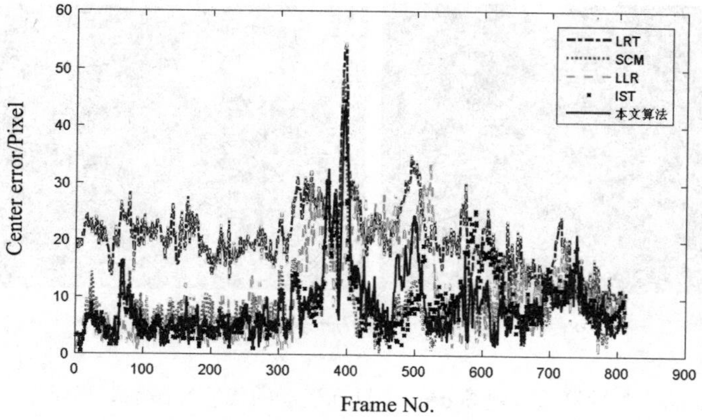

（a）faceocc2

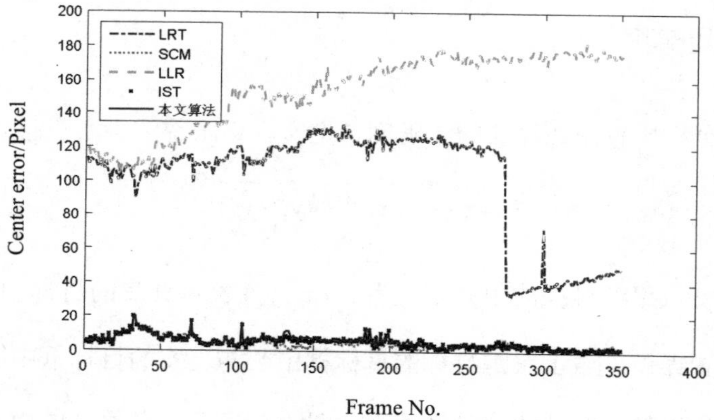

（b）singer1

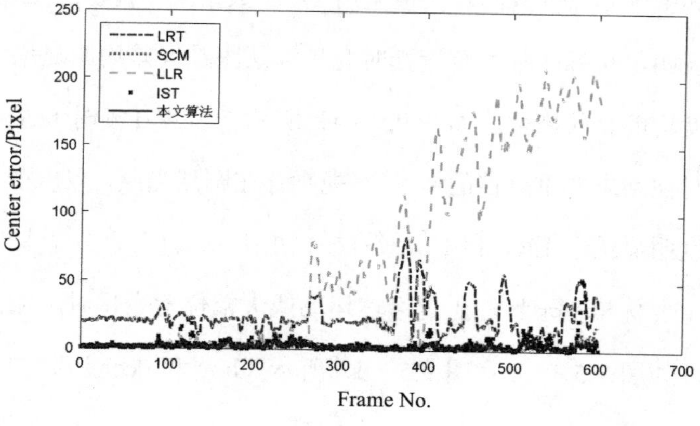

（c）boy

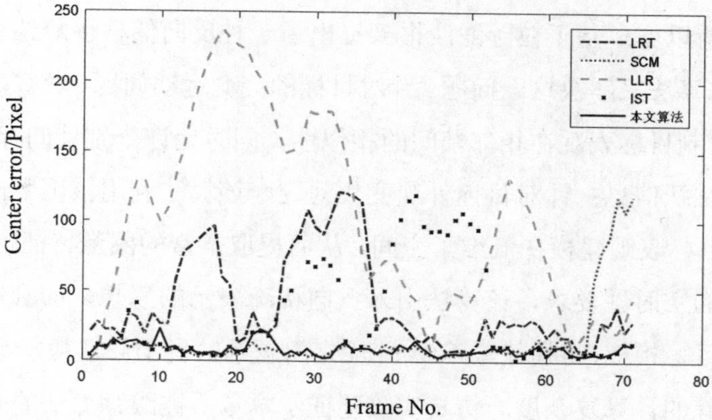

（d）deer

图 9.5 各种算法中心点位置误差变化曲线

为了进一步定量描述算法的实时性，本章给出了几种算法的平均跟踪帧率（FPS），即算法平均每秒的运行帧数，见表 9.1。

表 9.1 几种算法的平均跟踪帧率

视频序列	LRT	SCM	IST	本章算法
faceocc2	0.55	0.24	5.11	5.97
singer1	0.53	0.15	8.95	5.57
boy	0.46	0.21	8.24	5.35
deer	0.55	0.19	6.93	4.72

实验结果表明，本章算法和 IST 算法通过建立目标表观的反向稀疏表示描述，将在线跟踪中 L_1 优化问题的数目由候选粒子数简化为 1，有效提高了跟踪速度。但本章算法在 IST 算法的基础上引入了融合 Lasso 惩罚项，使在目标突变运动情况下的跟踪精度比 IST 算法更高。

9.5 本章小结

由于在目标跟踪任务中，目标的突变运动和外观变化等问题严重影响其精确性和稳定性，所以本章基于粒子滤波框架提出了一种反向低秩稀疏约束下的融合 Lasso 目标跟踪算法来解决这一问题。针对目标的突变运动问题，该算法引入融合 Lasso 模型，限制目标表观在相邻帧间的相似性，同时允许个别帧间存在差异性，从而获取运动跳跃信息；针对目标外观变化问题，该算法利用核范数凸近似低秩限制，将连续目标表观建模在低维子空间，从而提取丰富的图像特征信息。再有，为了满足跟踪的实时性要求，该算法引入反向稀疏表示的思想，即利用候选粒子线性稀疏表示目标模板，将在线跟踪中 L_1 优化问题的数目由候选粒子数简化为 1，降低了在线跟踪的计算复杂度。仿真实验验证了本章所提跟踪算法的有效性。

第 10 章　变分调整约束下的反向低秩稀疏学习目标跟踪算法

10.1　引言

视觉目标跟踪是计算机视觉领域的一个重要研究内容，并广泛应用于车载导航、安防监控、医学影像分析等领域。但该技术仍面临目标快速运动、运动模糊、严重遮挡、光照骤变等因素的挑战，从而导致跟踪漂移，影响其跟踪精度。

基于稀疏表示的目标表观建模借助遮挡位置具有稀疏性的特性，在某种程度上能抑制遮挡因素的影响，但该方法缺乏对图像特征信息的描述。而低秩约束将目标表观建模在低维子空间，能提取候选目标的全局子空间结构，有利于描述更为丰富的图像特征，增强跟踪对位置变化和光照变化的鲁棒性。所以结合稀疏表示和低秩约束方法可增强跟踪的鲁棒性。Zhang 等人[69]在粒子滤波框架下通过低秩稀疏分解在线学习了目标的表观变化，考虑了连续时间目标表观的一致性，限制了遮挡、光照变化等复杂环境给跟踪带来挑战的问题。Zhong 等人[59]融合基于全局模板的稀疏分类器和基于局域斑块空间信息的稀疏生成模型建立稀疏联合目标表观模型用于目标跟踪。Sui 等人[65]在粒子滤波框架下，联合全局粒子的帧间子空间结构关系和相邻斑块的局域相关性，通过局域低秩稀疏表示建模目标表观。Wang 等人[124]利用时空连续性限制，在局域加权距离度量下构建了基于稀疏表示的目标算法。Sui 等人[126]利用目标的局域时空关系通过结构化字典学习实现目标跟踪。上述方法分别约束了候选粒子的低秩性和稀疏性，在不同程度上限制了复杂遮挡、光照变化等因素对跟踪的影响，但均没有考虑目标快速运动问题。为此，本章提出了一种变分调整约束下的反向低秩稀疏学习目标跟踪算法。该算法引入变分调整，允许连续帧间差异存在跳跃不连续性，以适应目标快速运动，通过核范数凸近似低秩约束，描述目标表观的时域相关性，去除不相关粒子，并采用反向稀疏表示描述目标表观的局域信息，减化在线跟踪计算。

10.2 问题描述

目标跟踪可以描述为贝叶斯滤波框架下对目标运动状态后验概率密度 $p(x_t \mid y_{1:t})$ 的持续估计问题，

$$p(x_t \mid y_{1:t-1}) = \int p(x_t \mid x_{t-1}) p(x_{t-1} \mid y_{1:t-1}) \mathrm{d}x_{t-1} \tag{10.1}$$

$$p(x_t \mid y_{1:t}) \propto p(y_t \mid x_t) p(x_t \mid y_{1:t-1}) \tag{10.2}$$

式中，x_t 表示跟踪目标在 t 时刻的状态；y_t 表示 t 时刻的观测；$p(x_t \mid x_{t-1})$ 表示两个相邻状态间的运动模型；$p(y_t \mid x_t)$ 表示观测模型，描述状态 x_t 情况下观测 y_t 的概率。

最优状态可通过候选样本的最大后验概率来确定，即

$$\hat{x}_t = \arg_{x_t^i} \max p(y_t \mid x_t^i) p(x_t^i | x_{t-1}) \tag{10.3}$$

式中，x_t^i 表示第 t 帧的第 i 个样本。

10.2.1 运动模型

相邻帧间目标运动状态的相关性可以利用仿射参数描述。令 $x_t = [l_x, l_y, \theta, s, \alpha, \phi]^T$，这里 6 个仿射参数分别表示 x, y 方向位移、旋转角度、尺度因子、宽高比、斜切度。为了获取候选粒子，将目标状态转变情况描述为

$$p(x_t \mid x_{t-1}) = N(x_t; x_{t-1}, \sum) \tag{10.4}$$

式中，Σ 为对角协方差矩阵，由仿射参数的方差组成。

10.2.2 表观模型

将目标表观建模分为两步：基于局部斑块的直观表示和基于统计处理的生成模型构建。第一步，考虑到全局表示法难以解决局部遮挡问题，采用基于局部斑块的直观表示法，即将目标候选区域划分为互不重叠的 4×4 局域斑块。第二步，构建基于低秩稀疏学习的生成模型，选择与目标模板最相似的候选粒子作为跟踪

区域。考虑到现有方法在目标快速运动情况下经常出现跟踪漂移现象，本章提出一种变分调整约束下的反向低秩稀疏学习生成模型，即

$$Z_t^* = \arg\min_{Z_t} \frac{1}{2}\|T_t - D_t Z_t\|_2^2 + \lambda\|Z_t\|_* + \lambda_1\|Z_t\|_1 + \lambda_2\|\nabla Z\|_1 \quad (10.5)$$

式中，

$$\nabla Z = \sum_{k=0}^{1}(-1)^k Z_{t-k} \quad (10.6)$$

T_t 表示第 t 帧的目标模板，通过跟踪结果对应的向量化灰度观测构建。其中，视频第一帧的初始目标模板 T_1 采用人工标记的方法获取。D_t 为由 N 个候选 $\{y_t^i\}_{i=1}^N$ 形成的字典，其中 y_t^i 是通过粒子滤波方法产生的局部斑块特征向量。Z_t 为稀疏表示系数。λ、λ_1、λ_2 为权重参数。$\|\cdot\|_*$ 表示矩阵核范数。∇ 表示变分梯度算子。

模型［式（10.5）］中，提取了所有候选粒子的低秩特征，目标是限制候选粒子间的相关性，去除不相关粒子。考虑到秩最小化问题难于计算，这里利用核范数最小化秩函数的凸包络。

为了提高跟踪对目标快速运动的鲁棒性，我们在跟踪建模中融入了变分调整思想。全变分调整能将变量选择问题建模在有界变差空间，该空间能约束目标表观在连续帧间有较小变化，但是允许个别帧间存在跳跃不连续性差异，以适应目标快速运动。

为了抑制遮挡因素的影响，我们利用稀疏表示方法描述目标表观。因为传统表示法需要求解大量 L_1 优化问题，计算复杂度随着候选粒子数呈线性增加，所以这里采用反向稀疏表示法进行描述，即利用候选粒子反向线性稀疏表示目标模板。因模板数明显小于采样粒子数，这样可降低在线跟踪计算的复杂度。

10.2.3 观测模型

在模型［式（10.5）］中，每个候选粒子有一个对应的表示系数，用于度量目标与候选间的相似性。在选择最优状态时，具有较大系数的少数候选粒子更可能是目标，应该被赋予较大权重。而具有较小系数的候选粒子是目标的可能性较小，应该被赋予较小权重。据此，定义观测模型估计观测 y_t 在状态 x_t 处的似然度，即

$$p(y_t^m \mid x_t^m) = \frac{Z_t^m}{\sum_{m=1}^{M} Z_t^m} \tag{10.7}$$

式中，Z_t^m 表示第 m 个候选的表示系数，最优状态对应的候选被选取为第 t 帧的跟踪结果。该模型通过采用反向稀疏表示描述，算法仅需在每帧求解一个 L_1 最小化问题。

10.3 在线优化

10.3.1 数值算法

为了求解模型［式（10.5）］，提出一种交替式在线迭代优化处理策略，具体分为如下三步：

步骤 1 更新低秩特征，即

$$\min \frac{1}{2}\|D_t - Z_t\|_2^2 + \lambda \|Z_t\|_* \tag{10.8}$$

利用快速迭代阈值收缩算法对其求解，令 $f(Z_t) = \frac{1}{2}\|D_t - Z_t\|_2^2$，$g(Z_t) = \|Z_t\|_*$，$L$ 为 ∇f 的 Lipschitz 常数。定义

$$p_L(Y) = \underset{Z_t}{\operatorname{argmin}} \left\| Z_t - \left[Y - \frac{1}{L}\nabla f(Y) \right] \right\|_F^2 + Lg(Z_t) \tag{10.9}$$

具体迭代步骤如下：

1）初始化：$(Z_t)^0 = Y^1$，$\gamma^1 = 1$。

2）迭代：

$$\begin{cases} (Z_t)^j = p_L(Y^j) \\ \gamma^{j+1} = \dfrac{1 + \sqrt{1 + 4(\gamma^j)^2}}{2} \\ Y^{j+1} = (Z_t)^j + \left(\dfrac{\gamma^j - 1}{\gamma^{j+1}} \right) [(Z_t)^j - (Z_t)^{j-1}] \end{cases} \tag{10.10}$$

其中，$j=1,2,\cdots,J$，终止条件由对偶间隙界定。

步骤 2 自适应变分调整，即

$$\min\frac{1}{2}\left\|Z_t-Z\right\|_2^2+\lambda_2\left\|\nabla Z\right\|_1 \tag{10.11}$$

利用一种求解鞍点问题的原始对偶算法对其求解，具体步骤如下：

1）初始化：给定初始步长$\tau_0,\sigma_0>0$且满足$\overline{Z}^0=Z^0$，$\boldsymbol{p}^0=0$。

2）迭代：

$$\begin{cases}\boldsymbol{p}^{n+1}=(\boldsymbol{p}^n+\sigma_n\nabla\overline{Z}^n)/\max(1,\left|\boldsymbol{p}^n+\sigma_n\nabla\overline{Z}^n\right|)\\ Z^{n+1}=(Z^n-\tau_n\nabla^*\boldsymbol{p}^{n+1}+\tau_n\lambda_2 Z_t)/(1+\tau_n\lambda_2)\\ \theta_n=1/\sqrt{1+2\gamma\tau_n},\tau_{n+1}=\theta_n\tau_n,\sigma_{n+1}=\sigma_n/\theta_n\\ \overline{Z}^{n+1}=Z^{n+1}+\theta_n(Z^{n+1}-Z^n)\end{cases} \tag{10.12}$$

3）终止条件：

$$\begin{aligned}\varsigma(Z,\boldsymbol{p})=\max<\boldsymbol{p}',\nabla Z>-F^*(\boldsymbol{p}')+G(Z)-\\ \min<\boldsymbol{p},\nabla Z'>-F^*(\boldsymbol{p})+G(Z')\end{aligned} \tag{10.13}$$

式中，

$$G(Z)=\frac{1}{2}\left\|Z_t-Z\right\|_2^2 \tag{10.14}$$

$$F^*(\boldsymbol{p})=\begin{cases}0 & \boldsymbol{p}\in\boldsymbol{P}\\ +\infty & \boldsymbol{p}\notin\boldsymbol{P}\end{cases} \tag{10.15}$$

$\boldsymbol{P}$表示对偶空间。$\varsigma(Z,\boldsymbol{p})$为原始对偶间隙，当$(Z,\boldsymbol{p})$为鞍点时消失。

步骤 3 更新稀疏表示系数Z_t，即

$$\min\frac{1}{2}\left\|T_t-D_tZ_t\right\|_2^2+\lambda_1\left\|Z_t\right\|_1 \tag{10.16}$$

该模型为典型的 Lasso 问题，这里基于最小角回归算法对其求解，并利用 SPAMS 开源稀疏优化工具箱实现。

10.3.2 模板更新机制

为了适应目标表观变化，避免出现跟踪漂移现象，这里通过式（10.17）局部

更新目标模板。

$$T_i = \mu T_{i-1} + (1-\mu) r_i, \ if \left\| T_{i-1} - r_i \right\|^2 < \tau \qquad (10.17)$$

式中，T_i 表示第 i 个局部斑块的当前模板；r_i 表示当前跟踪结果；T_{i-1} 表示前一帧存储的模板；μ 表示权重系数；τ 表示经验预设的阈值，用于界定目标表观变化的程度。本章设置 $\mu = 0.95$，$\tau = 0.1$。

该机制能有效获取目标表观的变化情况，当存在局部遮挡时，去除被遮挡的斑块，而将没被遮挡的斑块更新到当前目标模板。

10.4 实验结果与分析

为了验证算法在复杂场景下的有效性，这里基于 MATLAB 2015b 实验平台，利用 OTB 数据集中 occlusion1、david、boy、deer 四组标准视频序列进行测试。这些序列中涵盖了严重遮挡、光照变化、尺度变化、快速运动等挑战因素。实验中对比了本章算法与 DDL[126]、SCM[59]、LLR[65]、IST[124]、CNT[127]五种算法的跟踪效果。文献[126]、[59]、[65]、[124]基于低秩稀疏表示建模跟踪问题。文献[127]基于卷积神经网络实现目标跟踪。算法比较中选择该方法主要考虑到深度学习在计算机视觉领域中，已成为当前最为热门的研究方向之一。算法参数设置如下：图像模板大小为 32×32，局部斑块大小为 4×4，候选粒子采样数为 300。调整参数 $\lambda = 0.5$，$\lambda_1 = 0.2$，$\lambda_2 = 0.05$。

10.4.1 定性实验

图 10.1～图 10.4 分别给出了采用六种跟踪算法处理四组视频序列的跟踪效果。下面基于视频序列中的主要挑战因素作出分析。

严重遮挡情况：视频 occlusion1 中存在严重局部遮挡问题。图 10.1 所示为视频 occlusion1 中几种算法对人脸运动的代表性跟踪效果对比。可见，几种算法均在不同程度上克服了遮挡因素的影响，特别是第 517 帧和第 867 帧当目标脸被一本杂志严重遮挡时均能捕获目标位置。视频 david 中存在光照变化、位置变化和局部遮挡问题。图 10.2 所示为视频 david 中几种算法对人脸运动的代表性跟踪效果对比。IST 算法通过引入低秩限制能有效获取目标区域。DDL、SCM、LLR 和 CNT 算法在不同帧出现跟踪失败问题。本章算法因在跟踪框架中引入鲁棒低秩和反向稀疏表示思想，有效学习了图像特征子空间，能实现准确跟踪。

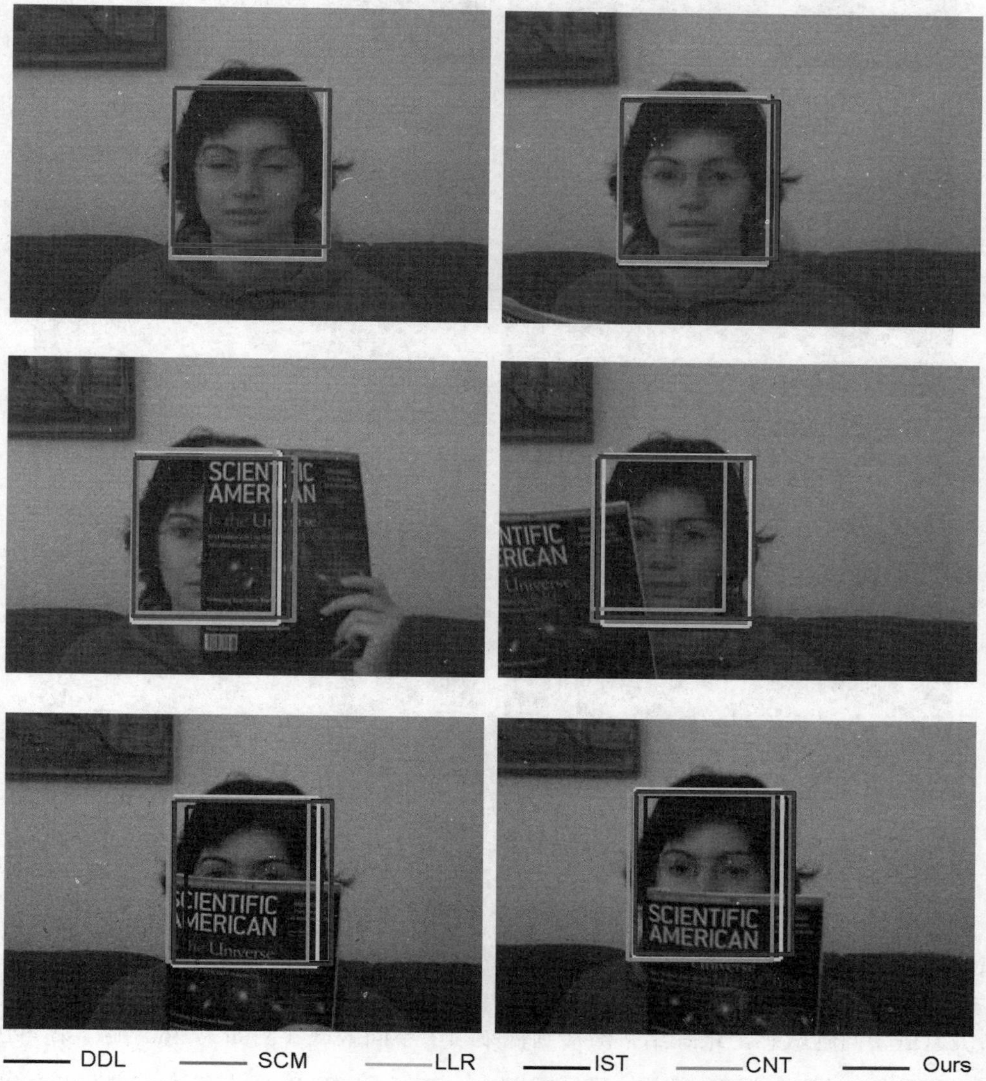

图 10.1 视频 occlusion1 中几种算法对人脸运动的代表性跟踪效果对比

图 10.2 视频 david 中几种算法对人脸运动的代表性跟踪效果对比

快速运动情况：视频 boy 和 deer 中人脸和鹿头存在目标模糊和位置快速变化问题。图 10.3 和图 10.4 分别所示为视频 boy 中和视频 deer 中几种算法对目标运动的代表性跟踪效果对比。视频 boy 的目标跟踪中，DDL 和 LLR 算法对目标快速运动问题敏感，跟踪结果漂移到视频帧中不同区域（例如第 360 帧、第 490 帧和第 602 帧）。视频 deer 的目标跟踪中，DDL 和 LLR 算法在第 32 帧和第 48 帧丢失目标，跟踪失败。而 IST 算法在第 32 帧和第 48 帧存在跟踪漂移现象。

本章算法因引入了变分调整的思想，允许帧间差异存在跳跃不连续性，能实现稳定跟踪。

图 10.3　视频 boy 中几种算法对目标运动的代表性跟踪效果对比

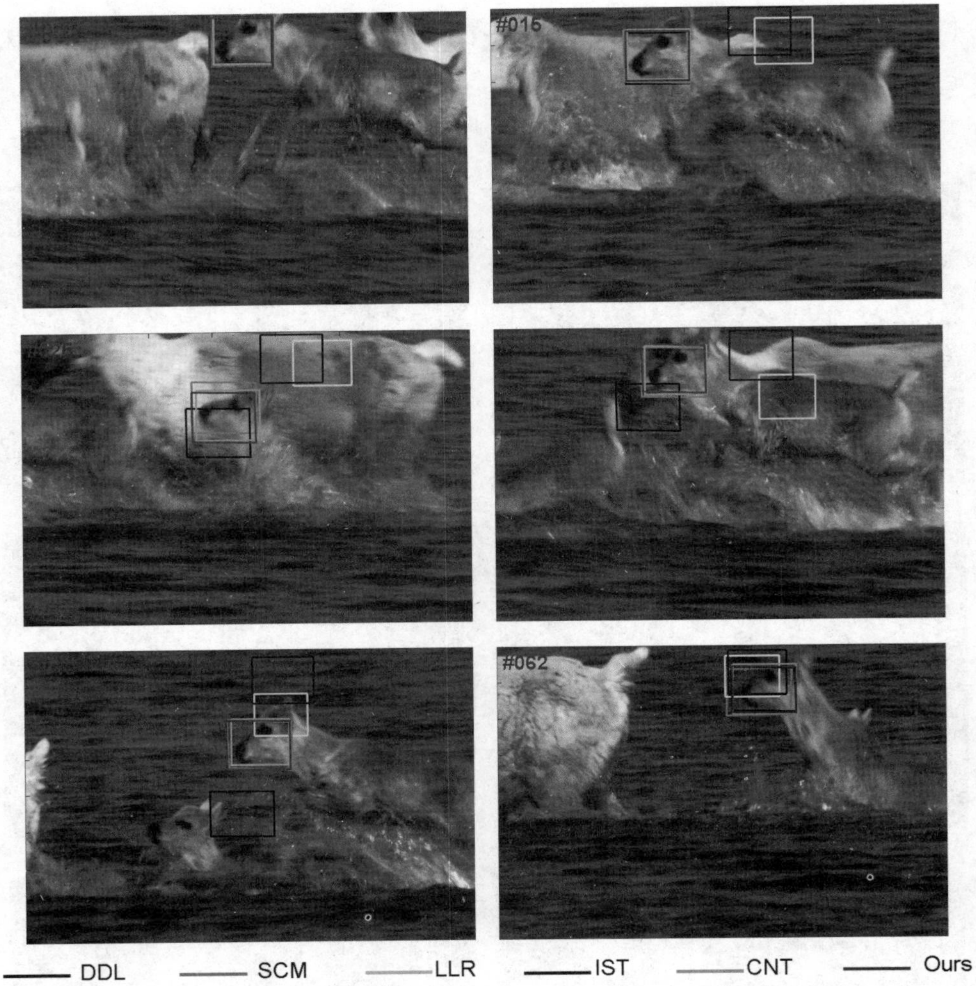

图 10.4　视频 deer 中几种算法对目标运动的代表性跟踪效果对比

10.4.2　定量实验

为了定量分析比较跟踪算法的精确度，定义目标跟踪的中心点位置误差为

$$CPE = \sqrt{(x_i - x_c)^2 + (y_i - y_c)^2} \tag{10.18}$$

式中，(x_i, y_i) 表示跟踪算法标定的目标中心点位置；(x_c, y_c) 表示 OTB 数据集标注的目标中心点位置，中心点位置误差度量了二者间的欧氏距离，该数值结果越

小跟踪的精确度越高。

图 10.5 所示为六种算法分别跟踪四组视频序列的中心点位置误差曲线。实验结果表明，本章算法在四组视频中均达到了较高的跟踪精度。在视频 occlusion1 的第 500 帧到第 700 帧区间，CNT 算法对严重局部遮挡问题敏感，跟踪精度较低。视频 david 中存在光照变化、位置变化和严重遮挡等复杂问题，本章算法跟踪精度优于 SCM、IST 和 CNT 算法。视频 boy 和 deer 中人脸和鹿头存在目标模糊和位置快速变化问题，本章算法跟踪精度明显优于 LLR、IST 和 DDL 算法。

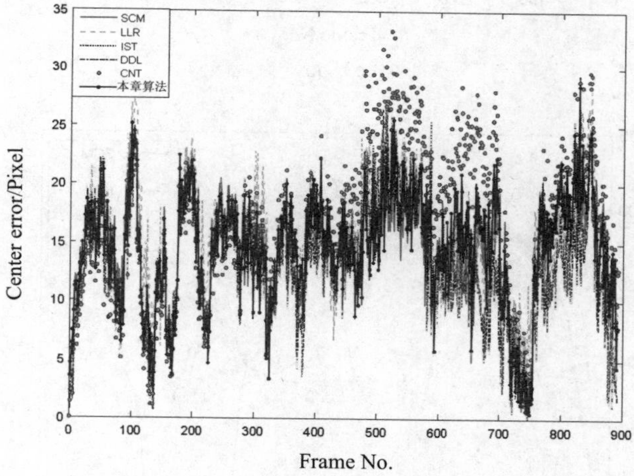

（a）occlusion1

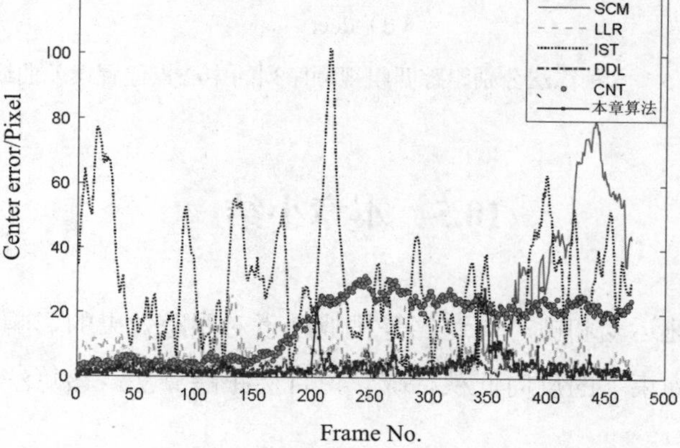

（b）david

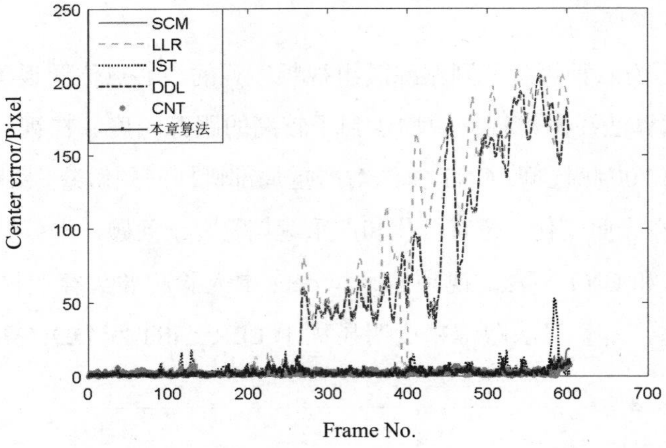

（c）boy

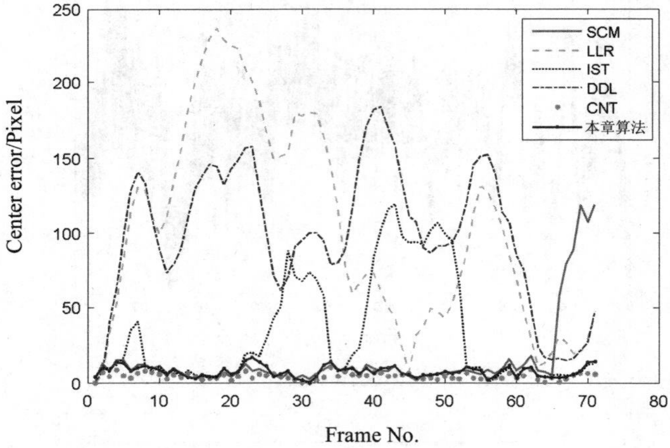

（d）deer

图 10.5 六种算法分别跟踪四组视频序列的中心点位置误差曲线

10.5 本章小结

针对目标快速运动和被严重遮挡等挑战因素对跟踪效果的影响问题，本章提出一种变分调整约束下的反向低秩稀疏学习目标跟踪算法。该算法主要包含四个技术部分：

（1）引入变分调整保护跳跃信息，适应快速运动。

（2）建立反向稀疏表示描述，减化模型在线更新计算。

（3）利用核范数凸近似低秩约束，去除不相关粒子。

（4）采用交替式迭代策略优化模型。

实验结果表明，在严重遮挡情况下，本章算法跟踪精度优于 SCM 和 CNT 算法。在快速运动情况下，本章算法跟踪精度明显优于 LLR、IST 和 DDL 算法。本章算法体现了对严重遮挡、快速运动和光照尺度变化的鲁棒性。

第 11 章　基于反向低秩稀疏学习和分数阶变分调整的目标跟踪算法

11.1　引言

视觉跟踪是计算机视觉领域的一个重要研究课题，并广泛应用于智能监控、人机交互、医学诊断等领域，其任务是连续估计视频序列中运动目标的状态。学者们针对视觉目标跟踪已经付出了许多努力，但由于严重遮挡、快速运动、光照和尺度变化、目标形变和背景杂波等因素的影响，视觉目标跟踪仍然面临许多具有挑战性的研究问题。

由于候选粒子表观间具有相似性，低秩近似可以获取目标的底层结构信息，去除不相关粒子，并且对全局表观变化（如姿态变化、光照变化）具有鲁棒性。稀疏表示利用一些字典模板的线性组合表示候选粒子，该方法对局部表观变化（如局部遮挡）具有鲁棒性。因此，结合低秩和稀疏表示可以提高目标跟踪的效率和有效性。Zhang 等人[69]利用目标表观的子空间和稀疏结构来提高跟踪性能，同时考虑了时间一致性特征。Zhong 等人[59]设计了稀疏识别分类器和稀疏生成模型用于目标跟踪。Sui 等人[65]设计了局部斑块的低秩稀疏联合表示方法，以及基于贪婪策略的快速跟踪算法。Wang 等人[124]提出了一种反向稀疏描述跟踪算法，以及局部加权距离度量方法。Sui 等人[126]通过结构化字典学习，确定跟踪的时空位置。以上方法均展现了对部分遮挡和光照变化的鲁棒性，然而均没有考虑目标的快速运动和跟踪速度问题。为此，本章提出了一种基于反向低秩稀疏学习和分数阶变分调整的目标跟踪算法，该算法利用低秩近似去除不相关粒子，通过引入分数阶变分调整保护目标运动轨迹的跳跃信息，适应快速运动和复杂遮挡，并建立反向稀疏表示描述，简化了在线跟踪的计算。

11.2 分数阶变分调整约束下的反向低秩稀疏表示模型

将目标表观建模分为两步：基于局部斑块的直观表示和基于统计处理的生成模型构建。第一步，考虑到全局表示法难以解决局部遮挡问题，采用了基于局部斑块的直观表示法，即将目标候选区域划分为互不重叠的 4×4 局域斑块，如图 11.1 所示。

图 11.1 基于局部斑块的直观表示法

第二步，构建基于低秩稀疏学习的生成模型，选择与目标模板最相似的候选粒子作为跟踪区域。考虑到现有方法在严重遮挡和目标快速运动情况下经常出现跟踪漂移现象。因此，本章提出一种分数阶变分调整约束下的反向低秩稀疏学习生成模型，即

$$Z_t^* = \arg\min_{Z_t} \frac{1}{2}\|T_t - D_t Z_t\|_2^2 + \lambda\|Z_t\|_* + \lambda_1\|Z_t\|_1 + \lambda_2\|\nabla^\alpha Z\|_1 \tag{11.1}$$

式中，

$$Z = [Z_t; Z_{t-1}^*; \cdots; Z_{t-K}^*] \tag{11.2}$$

$$\|\nabla^\alpha Z\|_1 = \sum_{k=0}^{K-1} (-1)^k C_k^\alpha Z_{t-k} \tag{11.3}$$

式中，$K \geqslant 3$ 且为整常数；$C_k^\alpha = \dfrac{\Gamma(\alpha+1)}{\Gamma(k+1)\Gamma(\alpha-k+1)}$；$\Gamma(\cdot)$ 表示 Gamma 函数；T_t 表示第 t 帧的目标模板，利用跟踪结果对应的向量化灰度观测构建，其中，视频第一帧的初始目标模板 T_1 通过人工标记的方法获取；D_t 是由候选 $\{y_t^i\}_{i=1}^N$ 形成的字典，其中 y_t^i 是通过粒子滤波方法产生的局部斑块特征向量；Z_t 为稀疏表示系数；

λ、λ_1、λ_2 为调整参数；$\|\cdot\|_*$ 表示矩阵核范数；$\nabla\alpha$ 表示分数阶梯度算子。

模型［式（11.1）］中，提取了所有候选粒子的低秩特征，目的是限制候选粒子间的相关性，并去除不相关粒子。考虑到秩最小化问题难于计算，我们利用核范数最小化秩函数的凸包络。

为了提高目标跟踪对快速运动和严重遮挡的鲁棒性，我们在跟踪建模中融入了分数阶变分调整思想。全变分调整能将变量选择问题建模在有界变差空间，该空间能约束目标表观在连续帧间有较小变化，但是允许个别帧间存在跳跃不连续性差异,以适应目标快速运动。从定义［式（11.3）］可见，分数阶微分是一个全局算子，较全变分更有利于保护相邻多个连续帧间的图像特征信息，故将全变分调整进一步扩展到分数阶变分调整能适应严重遮挡问题。

为了更进一步抑制遮挡的影响，我们还利用稀疏表示描述目标表观。因为传统稀疏表示法需要求解很多 L_1 优化问题，计算复杂度随着候选粒子数的增加呈线性增加，所以本章利用反向稀疏表示描述，即利用候选粒子反向线性稀疏表示目标模板。因模板数明显小于采样粒子数，这样可大大降低在线跟踪的计算复杂度。

11.3　在线跟踪算法

为了求解模型［式（11.1）］，提出一种交替式迭代在线优化策略，具体分为如下三步：

步骤 1　更新低秩特征，即

$$\min\frac{1}{2}\|D_t-Z_t\|_2^2+\lambda\|Z_t\|_* \tag{11.4}$$

并利用快速迭代阈值收缩算法对其求解，令 $f(Z_t)=\frac{1}{2}\|D_t-Z_t\|_2^2$，$g(Z_t)=\|Z_t\|_*$，$L$ 为 ∇f 的 Lipschitz 常数。定义

$$p_L(Y)=\underset{Z_t}{\operatorname{argmin}}\left\|Z_t-\left[Y-\frac{1}{L}\nabla f(Y)\right]\right\|_F^2+Lg(Z_t) \tag{11.5}$$

具体迭代步骤如下：

1）初始化：$(Z_t)^0 = Y^1$，$\gamma^1 = 1$。

2）迭代：

$$\begin{cases} (Z_t)^j = p_L(Y^j) \\ \gamma^{j+1} = \dfrac{1+\sqrt{1+4(\gamma^j)^2}}{2} \\ Y^{j+1} = (Z_t)^j + \left(\dfrac{\gamma^j - 1}{\gamma^{j+1}}\right)[(Z_t)^j - (Z_t)^{j-1}] \end{cases} \tag{11.6}$$

其中，$j = 1,2,\cdots,J$，终止条件由对偶间隙界定。

步骤2 融入分数阶变分调整限制，即

$$\min \frac{1}{2}\left\| Z_t^{lr} - Z \right\|_2^2 + \lambda_2 \left\| \nabla^\alpha Z \right\|_1 \tag{11.7}$$

利用分数阶自适应调整原始对偶算法对其求解，具体步骤如下：

1）初始化：给定初始步长$\tau_0, \sigma_0 > 0$且满足$\overline{Z}^0 = Z^0$，$\boldsymbol{p}^0 = 0$。

2）迭代：

$$\begin{cases} \boldsymbol{p}^{n+1} = (\boldsymbol{p}^n + \sigma_n \nabla^\alpha \overline{Z}^n) / \max(1, \left|\boldsymbol{p}^n + \sigma_n \nabla^\alpha \overline{Z}^n\right|) \\ Z^{n+1} = (Z^n - \tau_n \nabla^{\alpha *} \boldsymbol{p}^{n+1} + \tau_n \lambda_2 Z_t^{lr}) / (1 + \tau_n \lambda_2) \\ \theta_n = 1/\sqrt{1+2\gamma\tau_n}, \tau_{n+1} = \theta_n \tau_n, \sigma_{n+1} = \sigma_n / \theta_n \\ \overline{Z}^{n+1} = Z^{n+1} + \theta_n (Z^{n+1} - Z^n) \end{cases} \tag{11.8}$$

3）终止条件：

$$\begin{aligned} \varsigma(Z, \boldsymbol{p}) = \max < \boldsymbol{p}', \nabla^\alpha Z > - F^*(\boldsymbol{p}') + G(Z) - \\ \min < \boldsymbol{p}, \nabla^\alpha Z' > - F^*(\boldsymbol{p}) + G(Z') \end{aligned} \tag{11.9}$$

式中，

$$G(Z) = \frac{1}{2}\left\| Z_t^{lr} - Z \right\|_2^2 \tag{11.10}$$

$$F^*(\boldsymbol{p}) = \begin{cases} 0 & \boldsymbol{p} \in \boldsymbol{P} \\ +\infty & \boldsymbol{p} \notin \boldsymbol{P} \end{cases} \tag{11.11}$$

$\boldsymbol{P}$表示对偶空间。$\varsigma(Z, \boldsymbol{p})$为原始对偶间隙，当$(Z, \boldsymbol{p})$为鞍点时消失。

步骤 3 基于反向稀疏描述更新表示系数 Z_t，即

$$\min \frac{1}{2}\|T_t - D_t Z_t\|_2^2 + \lambda_1 \|Z_t\|_1 \tag{11.12}$$

该模型为典型的 Lasso 问题，这里基于最小角回归算法对其求解，并利用 SPAMS 开源稀疏优化工具箱实现。

11.4 实验结果与分析

为了验证算法在复杂场景下跟踪的有效性，基于 MATLAB 2015b 实验平台，利用 OTB 数据集中 faceocc1、faceocc2、girl、singer1、car4、boy、jumping、deer、david、cardark 十组标准视频序列进行测试，这些序列中涵盖了严重遮挡、光照变化、尺度变化、快速运动、目标形变和背景杂波等挑战因素。算法参数设置如下：图像模板大小为 32×32，局部斑块大小为 8×8，候选粒子采样数为 300。调整参数 $\lambda = 0.5$，$\lambda_1 = 0.2$，$\lambda_2 = 0.05$。权重 $\mu = 0.95$，阈值 $\tau = 0.1$。

实验中对比了本章算法与 SCM[59]、LLR[65]、IST[124]、DDL[126]、CNT[127]、MCPF[128]、VITAL[129]七种目前较为热点的算法的跟踪效果。文献[59]、[65]、[124]、[126]基于低秩稀疏表示建模跟踪问题。文献[127]基于卷积神经网络实现目标跟踪。文献[128]提出一种多任务相关滤波器用于鲁棒目标跟踪。文献[129]利用对抗学习在检测框架下实现目标跟踪。算法比较中选择上述方法的原因主要是考虑到深度学习、相关滤波和对抗学习已成为当前计算机视觉领域最为热门的研究方向之一。

11.4.1 定性实验

图 11.2～图 11.11 给出了八种算法对十个视频序列的跟踪结果。下面将根据每个视频中的主要挑战因素对跟踪结果进行讨论。

目标遮挡情况：在视频 faceocc1 中，人脸被严重遮挡，并且伴有微小的表观变化。图 11.2 所示为视频 faceocc1 中几种算法对人脸运动的代表性跟踪效果对比。可见，几种算法均可成功完成跟踪任务。视频 faceocc2 中存在严重局部遮挡和目

标旋转问题。图 11.3 所示为视频 faceocc2 中几种算法对人脸运动的代表性跟踪效果对比。可见，几种算法在不同程度上克服了遮挡因素的影响，特别是第 181 帧和第 726 帧当目标脸被一本杂志严重遮挡时均能捕获目标位置。但当同时存在人脸旋转和严重遮挡等复杂情况时，例如第 481 帧，大多数稀疏算法性能较好，而 CNT 算法个别帧存在跟踪漂移现象。在视频 girl 中，人脸被严重遮挡，同时存在面内和面外旋转情况。图 11.4 所示为视频 girl 中几种算法对人脸运动的代表性跟踪效果对比。当目标女孩被一个男人遮挡时，IST 算法在第 500 帧附近跟丢女孩，开始跟踪遮挡物。MCPF 算法在第 428 帧后由于遮挡和尺度变化的影响不能准确定位目标位置。VITAL 算法在第 428 帧和第 457 帧附近丢失目标，但漂移后最终能重新跟踪目标。DDL 算法在第 428 帧附近出现跟踪漂移。SCM 算法由于旋转因素的影响跟踪失败。本章算法通过局部稀疏表示、分数阶微分调整和模板在线更新，能在整个序列对目标女孩实现有效跟踪。

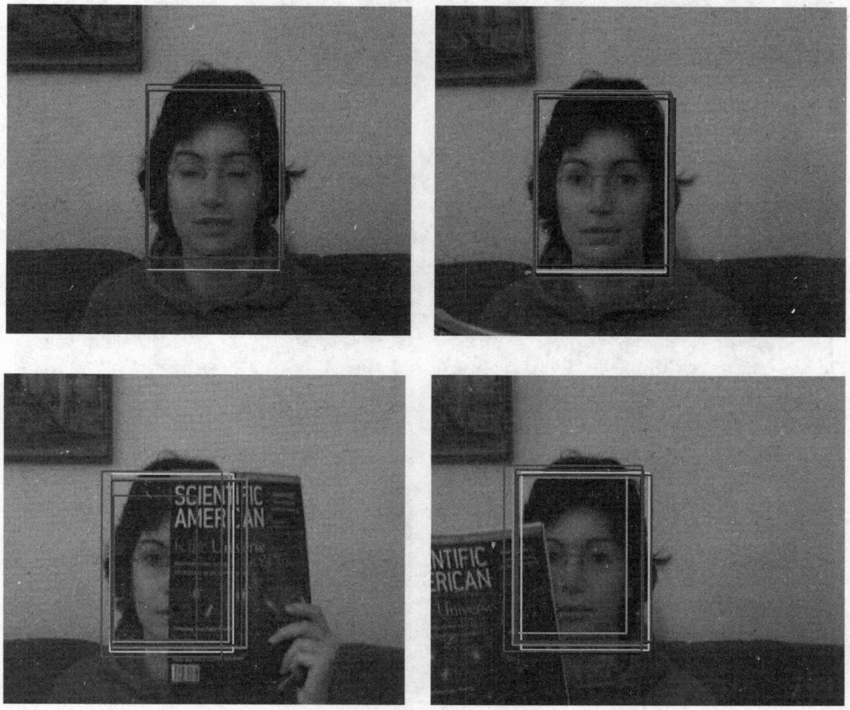

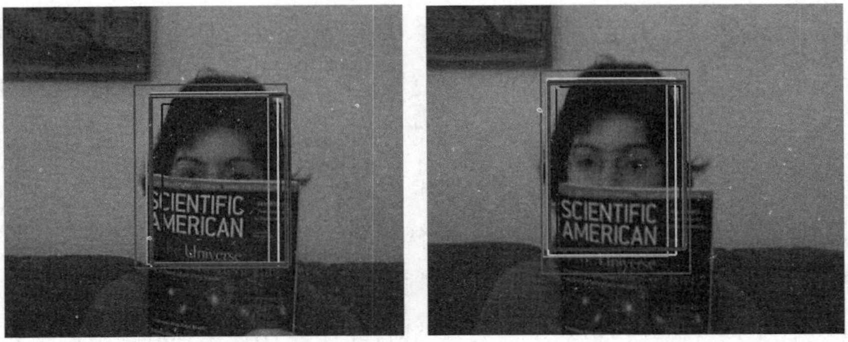

SCM IST LLR DDL CNT MCPF VITAL Ours

图 11.2 视频 faceocc1 中几种算法对人脸运动的代表性跟踪效果对比

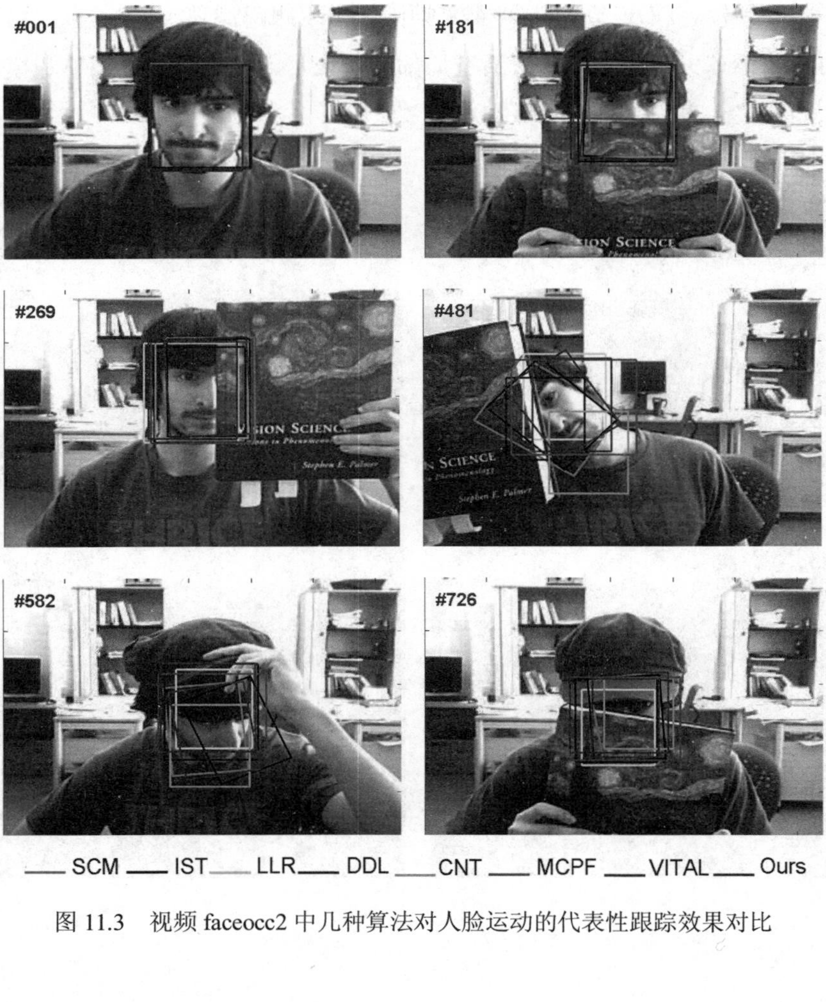

SCM IST LLR DDL CNT MCPF VITAL Ours

图 11.3 视频 faceocc2 中几种算法对人脸运动的代表性跟踪效果对比

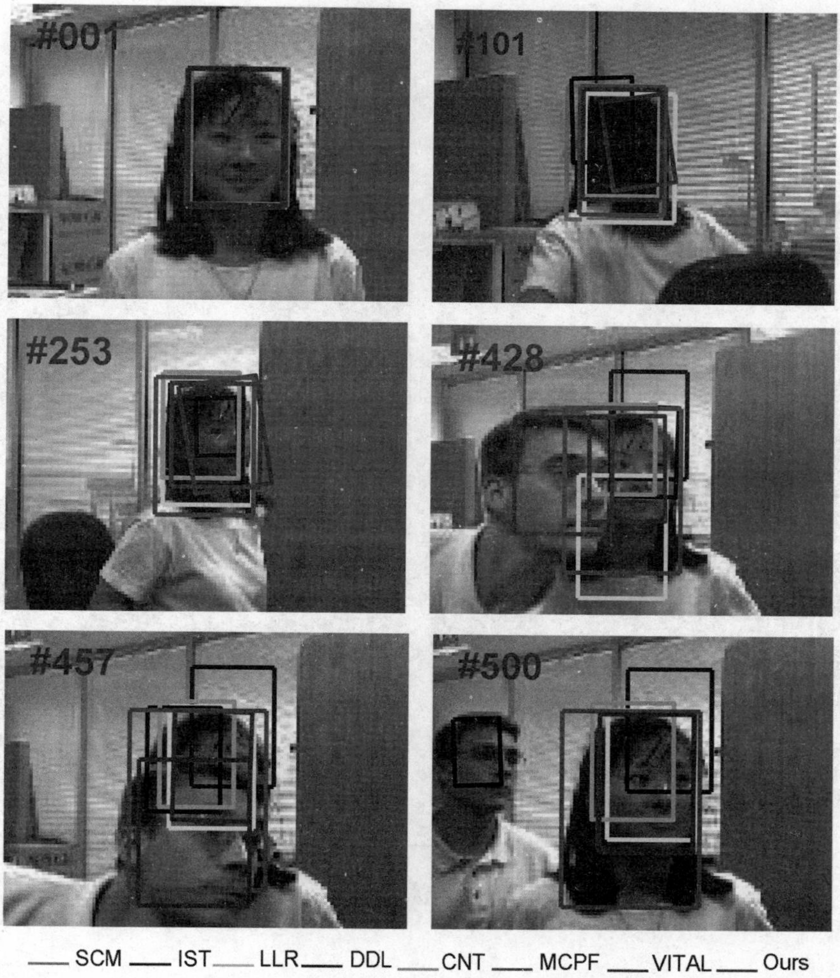

图 11.4 视频 girl 中几种算法对人脸运动的代表性跟踪效果对比

光照、尺度变化情况：视频 singer1 和 car4 中存在剧烈光照变化和快速尺度变化问题。图 11.5～图 11.6 所示分别为视频 singer1 中和视频 car4 中几种算法对目标运动的代表性跟踪效果对比。大多数算法通过引入低秩限制有效获取了目标区域。而 CNT 算法利用归一化局域图像信息实现有效跟踪。MCPF 算法通过粒子采样策略处理大尺度变化问题。VITAL 算法通过权重掩模获取区分性特征处理尺度变化序列。本章算法在应对光照和尺度变化时，通过对目标表观的低秩约束描述帧间相似性，实现了鲁棒跟踪。

—— SCM —— IST —— LLR —— DDL —— CNT —— MCPF —— VITAL —— Ours

图 11.5 视频 singer1 中几种算法对目标运动的代表性跟踪效果对比

图 11.6 视频 car4 中几种算法对目标运动的代表性跟踪效果对比

快速运动情况：在 boy、deer、jumping 序列中，人脸和鹿头不仅运动速度快，而且存在运动模糊现象。对于目标位置的预测和运动模糊引起的外观变化描述均具有挑战性。视频 boy 和 deer 中人脸和鹿头存在目标模糊和位置快速变化问题。图 11.7～图 11.9 所示分别为视频 boy、视频 deer 和视频 jumping 中对目标运动的代表性跟踪效果对比。视频 boy 中存在快速运动、运动模糊和面内面外旋转问题，DDL 和 LLR 算法对目标快速运动问题敏感，跟踪结果漂移到视频帧中不同区域（如第 360 帧、第 490 帧和第 602 帧）。IST 算法能跟踪目标男孩，但存在一定的跟踪误差（如第 117 帧）。视频 deer 的目标跟踪中，DDL 和 LLR 算法在第 32 帧和第 48 帧丢失目标，跟踪失败。而 IST 算法在第 32 帧和第 48 帧存在跟踪漂移现象。视频 jumping 的目标跟踪中，DDL 和 IST 算法在第 124 帧、第 180 帧、第 248 帧和第 310 帧附近漂移。LLR 算法在第 180 帧、第 248 帧和第 310 帧附近跟踪失败。本章算法因引入了变分调整的思想，允许帧间差异存在跳跃不连续性，能实现稳定跟踪。

图 11.7　视频 boy 中几种算法对目标运动的代表性跟踪效果对比

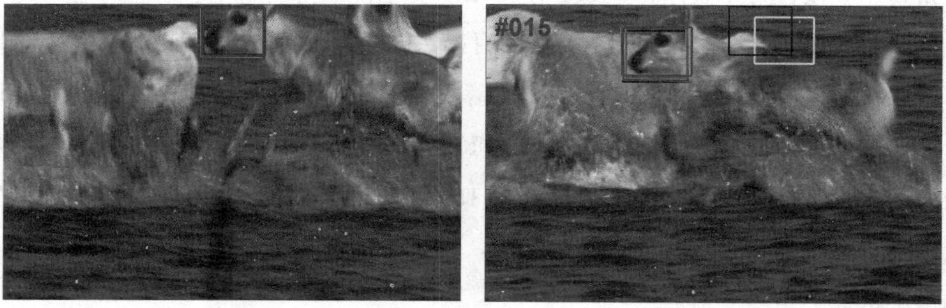

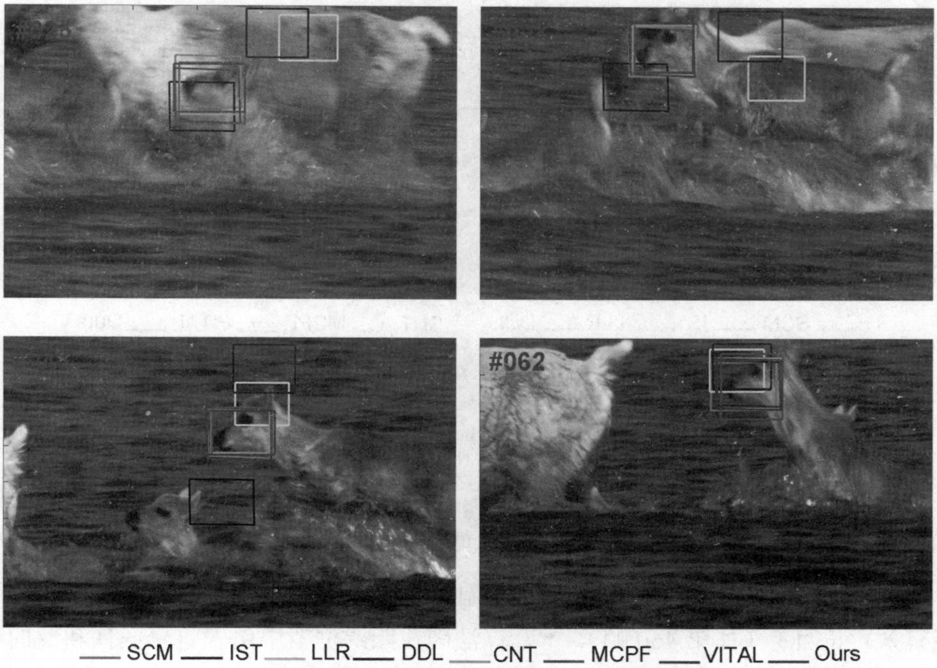

图 11.8　视频 deer 中几种算法对目标运动的代表性跟踪效果对比

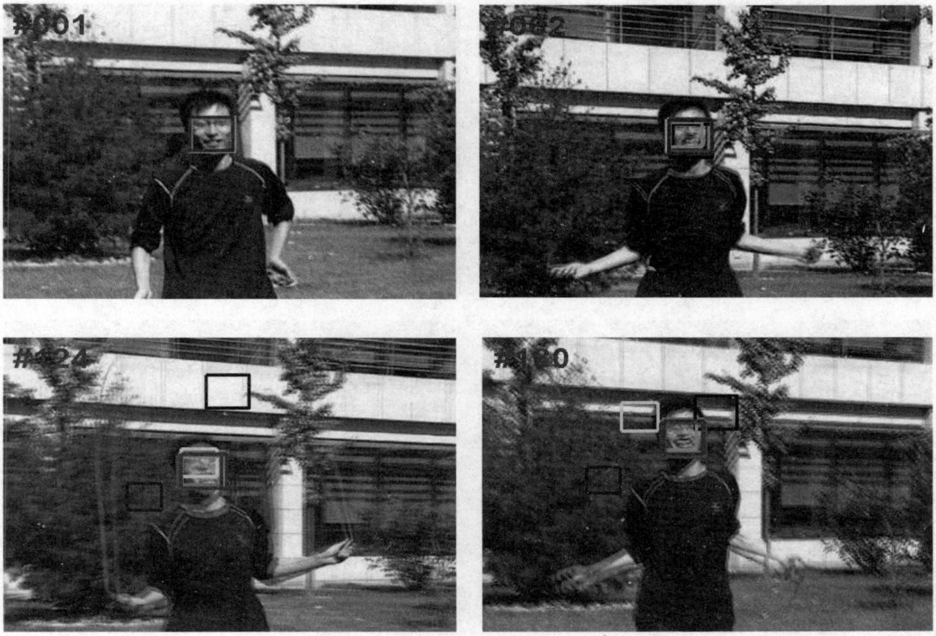

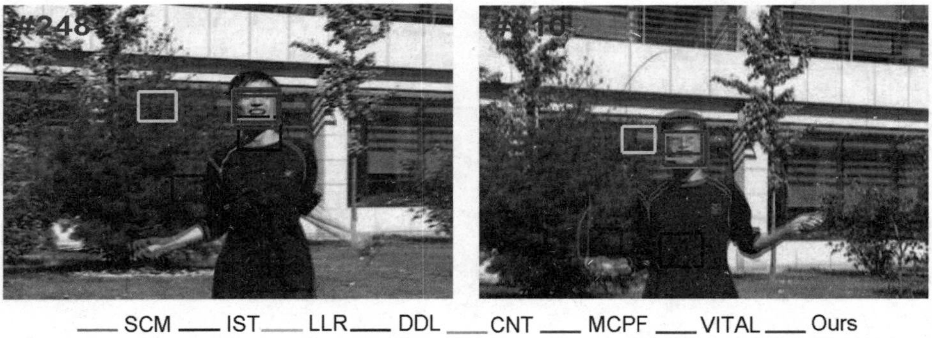

图 11.9　视频 jumping 中几种算法对目标运动的代表性跟踪效果对比

目标形变情况：视频 david 中存在光照变化、位置变化和复杂旋转问题。人脸表观频繁变化，出现非刚性形变现象。图 11.10 所示为几种算法对人脸运动的代表性跟踪效果对比。IST 算法通过引入低秩限制有效获取目标区域。DDL、SCM、LLR 和 CNT 算法在不同帧出现跟踪失败问题。MCPF 算法由于尺度变化的影响不能有效定位目标（如第 460 帧）。本章算法因在跟踪框架中引入鲁棒低秩和反向稀疏思想，有效学习了图像特征子空间，能实现准确跟踪。

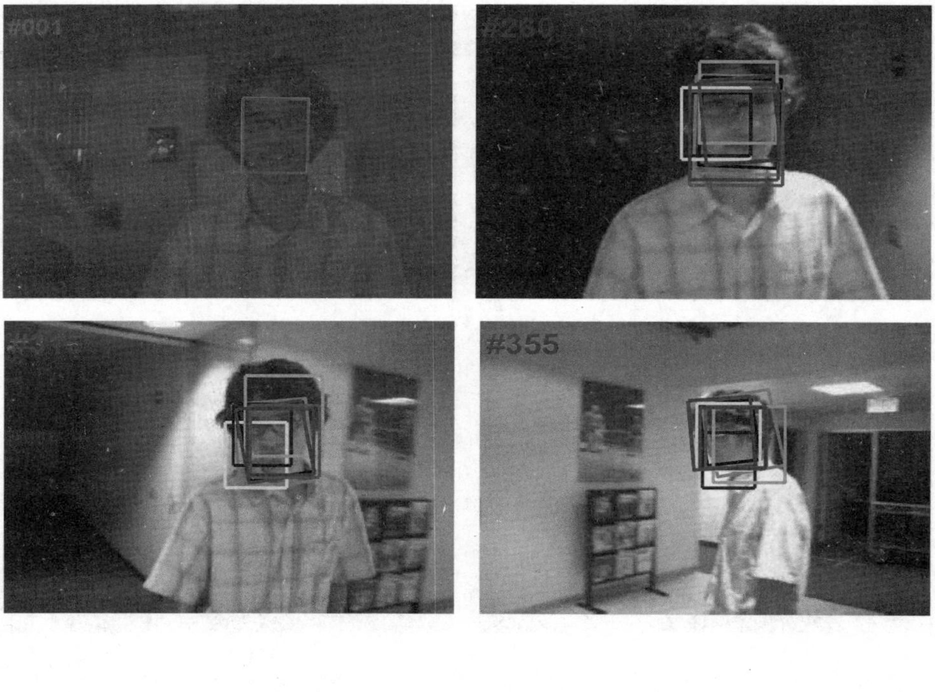

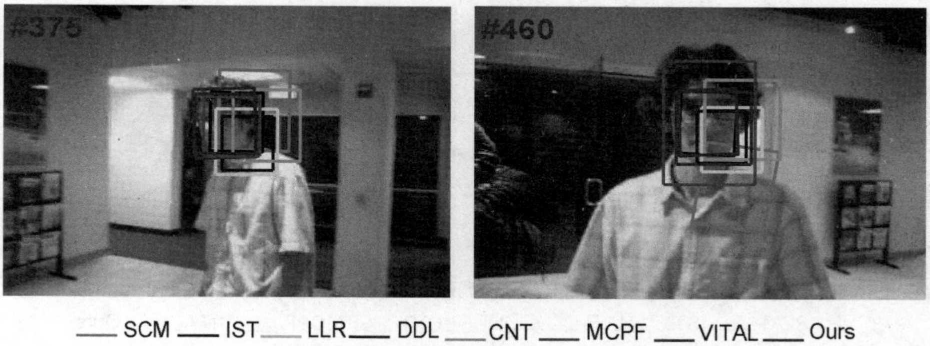

图 11.10 视频 david 中几种算法对人脸运动的代表性跟踪效果对比

背景杂波：视频 cardark 中，目标附近的背景与目标间具有相似的颜色或纹理。图 11.11 所示为几种算法对目标运动的代表性跟踪效果对比。总体而言，这些追踪器均可以成功地跟踪目标对象。但是，当目标对象附近出现相似的颜色或纹理时，LLR 算法会在某些帧偏离目标（如第 60 帧）。MCPF 算法由于尺度变化的影响不能有效定位车辆目标（如第 284 帧和第 351 帧）。

图 11.11 视频 cardark 中几种算法对目标运动的代表性跟踪效果对比

11.4.2 定量实验

1. 中心位置误差比较

为了定量分析比较跟踪算法的精确度，利用中心点位置误差度量了跟踪目标的目标框中心与真实的目标框中心间的欧氏距离，该数值结果越小跟踪的精确度越高。表 11.1 所示为八种算法中心点位置误差和平均中心点位置误差的比较，其中中心点位置的真实值采用 OTB 数据集中提供的 groundtruth 数据。表中分别标记了各序列跟踪误差的最小值和次小值，最后一行数据给出了算法的平均性能。实验结果表明，本章算法面向大多数视频序列均达到了最高或者次高的跟踪精度。在目标形变和快速运动情况下跟踪精度优于 SCM 算法，在快速运动情况下跟踪精度优于 IST，LLR 和 DDL 算法，在严重遮挡和目标形变情况下跟踪精度优于 CNT 算法。在目标形变和背景杂波情况下跟踪精度优于 MCPF 算法。在目标遮挡情况下跟踪精度优于 VITAL 算法。本章算法显现了对严重遮挡，光照、尺度变化，快速运动和目标形变的鲁棒性。

表 11.1 八种算法中心点位置误差和平均中心点位置误差的比较

视频序列	SCM	IST	LLR	DDL	CNT	MCPF	VITAL	本章算法
faceocc1	14.4	14.7	15.0	**13.1**	16.8	22.0	16.7	**14.2**
faceocc2	8.3	8.7	10.6	**5.0**	18.0	9.7	11.3	**7.8**

续表

视频序列	SCM	IST	LLR	DDL	CNT	MCPF	VITAL	本章算法
girl	169.5	7.9	10.5	6.6	5.2	**4.7**	6.1	**3.7**
boy	2.8	3.8	68.4	60.7	**2.4**	4.2	**2.4**	2.6
deer	15.5	33.6	86.4	98.6	**4.7**	9.1	11.9	**7.9**
jumping	4.4	41.9	46.2	63.8	5.6	**3.1**	**3.5**	7.7
singer1	5.1	5.3	8.9	7.2	**3.7**	8.2	7.7	**4.6**
car4	4.3	2.8	14.6	13.5	**1.5**	3.7	7.7	**2.7**
david	30.0	**2.3**	9.5	3.2	16.1	17.7	4.8	**3.0**
cardark	2.7	2.8	3.6	**1.4**	**1.0**	21.9	3.8	2.2
平均误差	25.7	12.4	27.4	27.3	**7.5**	10.4	7.6	**5.6**

2. 分数阶次的影响

下面分析分数阶阶次对跟踪效果的影响。图 11.12 给出了一些典型挑战因素影响下的视频序列，在不同分数阶次调整下 CPE 随迭代次数的演化过程。在大多数视频序列中，分数阶微分调整与典型一阶微分调整的跟踪误差差异性较小。但在 faceocc2 序列中，特别是在第 576 帧至第 819 帧序列中（目标脸出现严重外观变化），分数阶微分算子跟踪精度明显优于一阶微分算子。该结果表明分数阶变分调整可用于考虑更多的相邻帧特征信息，抑制遮挡因素的影响。由式（11.3）可见，分数阶微分是一个全局算子，有利于提取更多的目标特征信息。从理论上讲，分数阶微分展开项的项数应该足够大，但是考虑到分数阶全局操作占用大量在线跟踪时间，本文令 K=4。

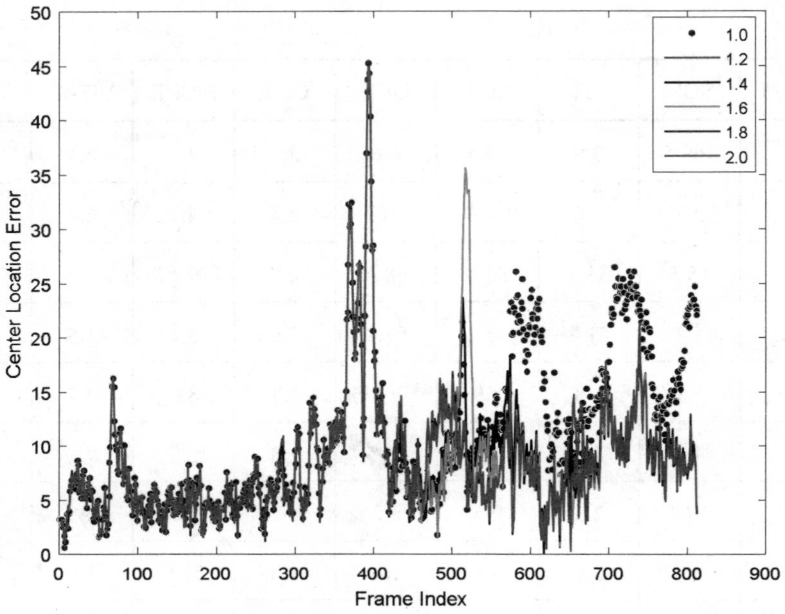

（a）faceocc2

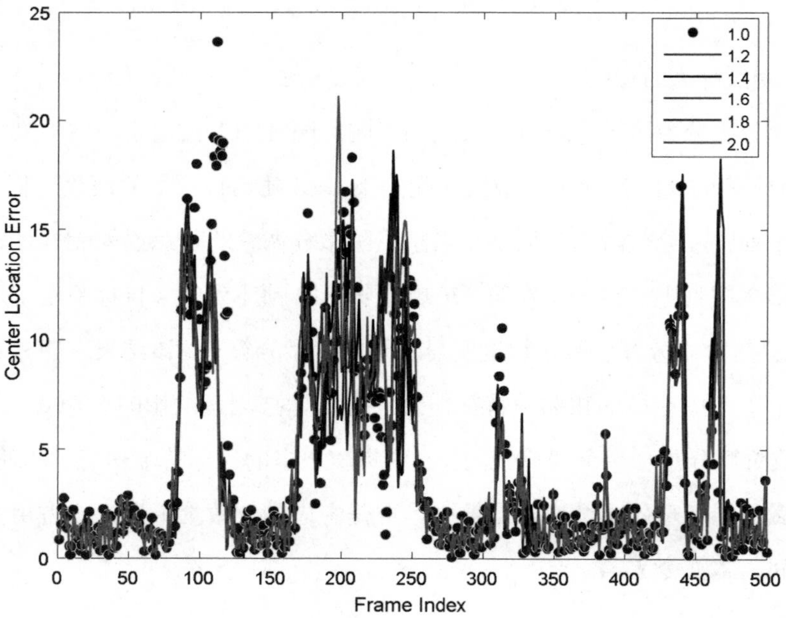

（b）girl

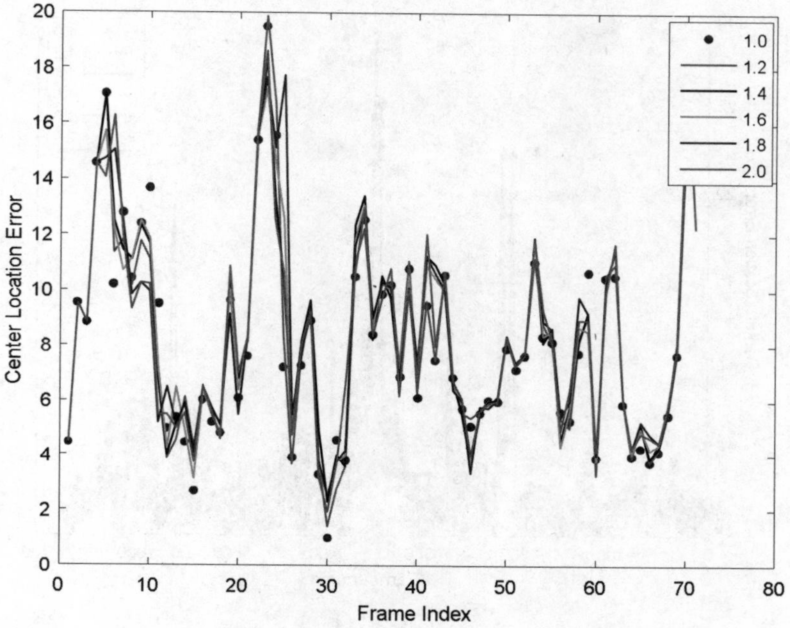

（c）deer

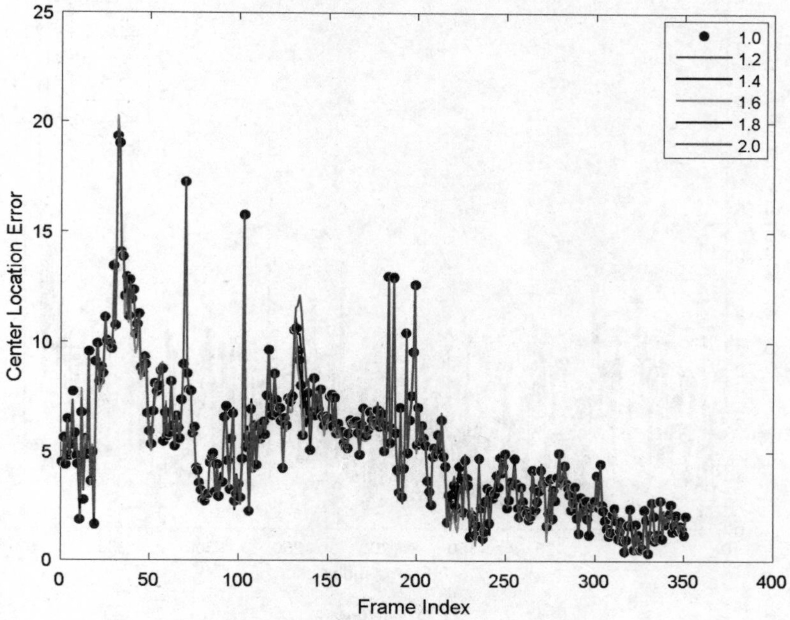

（d）singer1

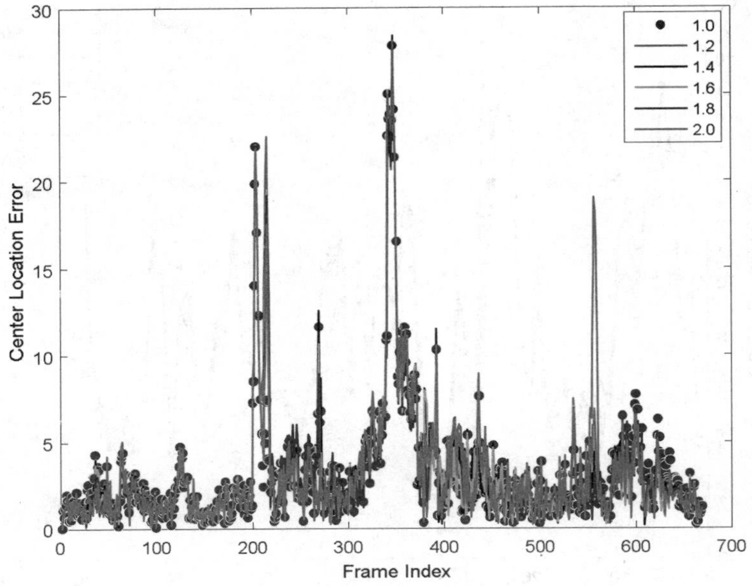

（e）david

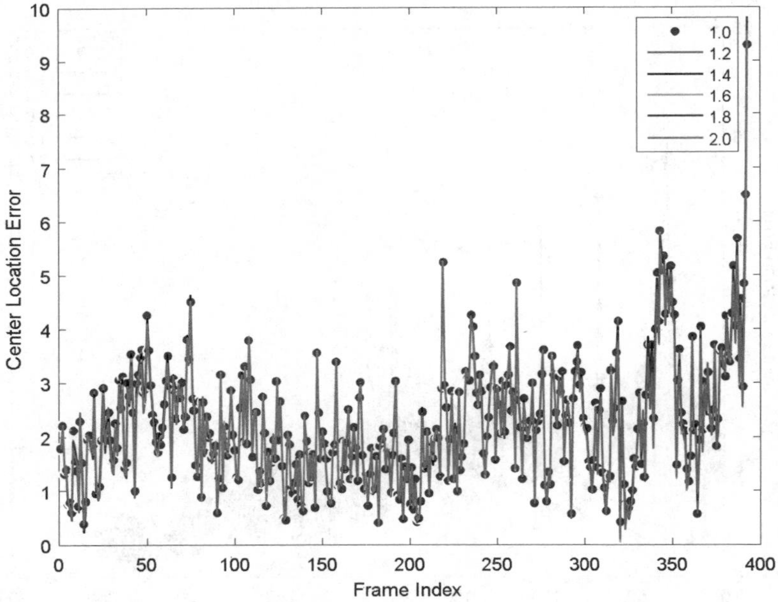

（f）cardark

图 11.12 跟踪结果的中心点位置误差

11.5 本章小结

本章提出了一种基于反向低秩稀疏学习和分数阶变分调整的目标跟踪方法。该跟踪方法主要包含三个技术部分：

（1）引入分数阶变分调整，以保留跳跃信息，适应快速运动。

（2）建立反向稀疏表示描述，提高模型在线跟踪的效率。

（3）结合低秩近似和跟踪处理，去除不相关粒子。

最后，基于交替式迭代策略对模型进行了优化处理。实验结果验证了本章算法在目标快速运动和外观变化情况下的有效性。

参考文献

[1] Xu C, Tao W, Meng Z, et al. Robust visual tracking via online multiple instance learning with Fisher information[J]. Pattern Recognition, 2015, 48(12): 3917-3926.

[2] Hu W, Li W, Zhang X, et al. Single and multiple object tracking using a multi-feature joint sparse representation[J]. IEEE Transactions on Pattern Analysis and Machine Intelligence, 2015, 37(4): 816-833.

[3] Zhang S, Sui Y, Yu X, et al. Hybrid support vector machines for robust object tracking[J]. Pattern Recognition, 2015, 48(8): 2474-2488.

[4] Liu J, Lian F, Mallick M. Distributed compressed sensing based joint detection and tracking for multistatic radar system[J]. Information Sciences, 2016, 369: 100-118.

[5] Ding J, Huang Y, Liu W, et al. Severely blurred object tracking by learning deep image representations[J]. IEEE Transactions on Circuits and Systems for Video Technology, 2016, 26(2): 319-331.

[6] Zeng H, Chen J, Cui X, et al. Quad binary pattern and its application in mean-shift tracking[J].Neurocomputing, 2016, 217: 3-10.

[7] Wulff J, Black M J. Efficient sparse-to-dense optical flow estimation using a learned basis and layers[C]. IEEE Conference on Computer Vision and Pattern Recognition, 2015, 120-130.

[8] Jenkins M D, Barrie P, Buggy T, et al. Selective sampling importance resampling particle filter tracking with multibagsubspace restoration[J]. IEEE Transactions on Cybernetics, 2016, 99:1-13.

[9] Jenkins M D, Barrie P, Buggy T, et al. Extended fast compressive tracking with

weighted multi-frame template matching for fast motion tracking[J]. Pattern Recognition Letters, 2016, 69: 82-87.

[10] Liu Z, Zhang Q, Li L, et al. Tracking multiple maneuvering targets using a sequential multiple target Bayes filter with jump Markov system models[J]. Neurocomputing, 2016, 216: 183-191.

[11] 冈萨雷斯，数字图象处理[M]. 2版. 北京：电子工业出版社，2003.

[12] Rudin L, Osher S, FatemiE. Nonlinear total variation based noise removal algorithms[J]. Physica D, 1992, 60(1/2/3/4): 259-268.

[13] Meyer Y. Oscillating patterns in image processing and nonlinear evolution equations[M]. Providence: AMS, 2001.

[14] Vese L A, Osher S. Modeling textures with total variation minimization and oscillating patterns in image processing[J]. Journal of Scientific Computing, 2003, 19(1-3): 553-572.

[15] Aujol J, Chambolle A. Dual norms and image decomposition models[J]. International Journal on Computer Vision, 2005, 63(1): 85-104.

[16] Gilboa G, Osher S. Nonlocal operatorsith applications to image processing[R]. CAM Report, UCLA, 2007, 7:7-23.

[17] Chan TF, Esedoglu S. Aspects of total variation regularized L1 function approximation[J]. SIAM Journal on Applied Mathematics, 2005, 65(5): 1817-1837.

[18] Perona E, Malik J. Scale space and edge detection using anisotropic diffusion[J]. IEEE Transactions on Pattern Analysis and Machine Intelligence, 1999, 12(7): 629-639.

[19] Blomgren PV. Color TV:total variation method for restoration of vector valued images[D]. UCLA, 1998.

[20] Chen Y, Levine S. Variable exponent, linear growth functionals in image restoration[J]. SIAM Journal on Applied Mathematics, 2006, 66(4): 383-406.

[21] Liu X, Huang L, Guo Z. Adaptive fourth-order partial differential equation filter

for image denoising[J]. Applied Mathematics Letters, 2011, 24(8): 1282-1288.

[22] 马少贤，江成顺．基于四阶偏微分方程的盲图像恢复模型[J]．中国图象图形学报，2010，15(1): 26-30.

[23] Dumitras A, Kossentini F. High-order image subsampling using feedforward artificial neural networks[J]. IEEE Transactions on Image Processing, 2001, 10(3): 427-435.

[24] Chan T.E, Marquina A, Mulet P.High-order total variation-based image restoration [J]. SIAM Journal on Science and Computation, 2000, 22(2): 503-516.

[25] Chert H, Song J, Tai X. C. A dual algorithm for minimization of the LLT model[J]. Advances in Computational Mathematics, 2009, 31(1): 115-130.

[26] Chan T, Marquina A T, Muler P. High-order total variation-based image restoration[J]. SIAM Journal on Scientific Computing, 2000, 22(2): 503-516

[27] Lysaker M, Lundervold A, Tai XC. Noise removal using fourth order partial differential equation with applications to medical magnetic resonance images in space and time[J]. IEEE Transactions on Image Processing, 2003, 12(12): 1579-1590.

[28] 黄果，许黎，陈庆利，等. 基于空间分数阶偏微分方程的图像去噪模型研究[J]．四川大学学报（工程科学版），2012，44(2): 91-98.

[29] 黄果，许黎，蒲亦非．分数阶微积分在图像处理中的研究综述[J]．计算机应用研究，2012，29(2): 414-420.

[30] Zhang Y, Zhang W, Lei Y, et al. Few-view image reconstruction with fractional-order total variation[J]. Journal of the Optical Society of America., 2014, 31(5): 981-995.

[31] Agrawal OP. Formulation of Euler-Lagrange equations for fractional variationalproblems[J]. Journal ofMathematical Analysis and Applications, 2002, 272(1): 368-379.

[32] Rudin L, Lions P L, Osher S. Multiplicative denoising and deblurring: theory

and algorithms[C]. Geometric Level Set Methods in Imaging, Vision, and Graphics, 2003, 103-119.

[33] Aubert G, Aujol J F. A variational approach to removing multiplicative noise[J]. SIAM Journal on Applied Mathematics, 2008, 68(4): 925-946.

[34] Shi J, Osher S. A nonlinear inverse scale space method for a convex multiplicative noise model[J]. SIAM Journal on Imaging Sciences, 2008, 1(3): 294-321.

[35] Chen D Q, Cheng L Z. Spatially adapted total variation model to remove multiplicative noise[J]. IEEE Transactions on Image Processing, 2012, 21(4): 1650-1662.

[36] Steidl G, Teuber T. Removing multiplicative noise by Douglas-Rachford splitting methods[J]. Journal of Mathematical Imaging and Vision, 2010, 36(2): 168-184.

[37] Xiao L, Huang L L, Wei Z H. A weberized total variation regularization-based image multiplicative noise removal algorithm[J]. EURASIP Journal on Advances in Signal Processing, 2010, 2: 1-15.

[38] Huang Y. M, Ng MK, Wen Y W. A new total variation method for multiplicative noise removal[J]. SIAM Journal on Imaging Sciences, 2009, 2(1): 20-40.

[39] Dong F F, Liu Z, Kong D.An improved LOT model for image restoration [J]. Journal of Mathematical Imaging and Vision, 2009, 34(1): 89-97.

[40] Aubert G, Komprobst P. Mathematical problems in image processing[M]. NewYork, Berlin, Heidelberg, Springer, 2002.

[41] Yang Y F, Pang Z F, Shi B L, et al. Split Bregman method for the modified LOT model in image denoising[J]. Applied Mathematics and Computation, 2011, 217(12): 5392-5403.

[42] Fadili J M, Peyré G. Total variation projection with first order schemes[J]. IEEE Transactions on Image Processing, 2011, 20(3): 657-669.

[43] Afonso M, Bioucas-Dias JM, Figueiredo MAT. An augmented lagrangian

approach to the constrained optimization formulation of imaging inverse problems[J]. IEEE Transactions on Image Processing, 2011, 20(3): 681-695.

[44] Figueiredo M A T, Bioucas-Dias J M. Restoration of poissonian images using alternating direction optimization[J]. IEEE Transactions on Image Processing, 2010, 19(12): 3133-3145.

[45] 孙玉宝，费选，韦志辉，等. 稀疏性正则化的图像泊松恢复模型及分裂 Bregman 迭代算法[J]. 自动化学报，2010，36(11): 1512-1519.

[46] Bai J, Feng X. C. Fractional-order anisotropic diffusion for image denoising[J]. IEEE Transactions on Image Processing, 2007, 16(10): 2492-2502.

[47] Zhang J, Wei Z H, Xiao L. Adaptive fractional-order multi-scale method for image denoising[J]. Journal of Mathematical Imaging and Vision, 2012, 43(1): 39-49.

[48] Chen D, Sun S, Zhang C, et al. Fractional-order TV-L2 model for image denoising[J]. Central European Journal of Physics, 2013, 11(10): 1414-1422.

[49] Figueiredo M A T, Bioucas-Dias J M, Nowak R D.Majorization minimization algorithms for wavelet-based image restoration[J]. IEEE Transactions on Image Processing, 2007, 16(12): 2980-2991.

[50] Pu Y F, Zhou J L, Yuan X. Fractional differential mask: a fractional differential-based approach for multiscale texture enhancement[J]. IEEE Transactions on Image Processing, 2010, 19(2): 491-511.

[51] Sierociuk D, Dzielinski A. Fractional Kalman filter algorithm for the states, parameters and order of fractional system estimation[J]. International Journal of Applied Mathematics and Computer Science, 2006, 16(1): 129-140.

[52] Zhang Y, Pu Y F, Hu J R, et al. A class of fractional-order variational image inpaintingmodels[J]. Applied Mathematics and Information Sciences, 2012, 6(2): 299-306.

[53] 王卫星，于鑫，赖均. 一种改进的分数阶微分掩模算子[J]. 模式识别与人工智能，2010，23(2): 171-177.

[54] Mathieu B, Melchior P, Oustaloup A, et al. Fractional differentiation for edge detection[J]. Signal Processing, 2003, 83(11): 2421-2432.

[55] 李青，分数布朗运动在图像分割中的应用[D]．湖北大学，2010.

[56] Chen B, Zou QH, Chen WS, et al. A fast region-based segmentation model with gaussiankernel of fractional order[J]. Advances in Mathematical Physics, 2013, 1-7.

[57] Liu J, Chen S C, and Tan X Y. Fractional order singular value decompositon representation for face recognition[J]. Pattern Recognition, 2007, 41(1): 168-182.

[58] Xue M, Haibin L. Robust visual tracking using l1 minimization[J]. Computer Vision, Kyoto:Browse Conference Publications, 2009, 1436-1443.

[59] Zhong W, Lu H, Yang M H. Robust object tracking via sparse collaborative appearance model[J]. IEEE Transactions on Image Processing, 2014, 23(5): 2356-2368.

[60] Zhang T, Ghanem B, Liu S, et al. Robust visual tracking via structured multi-task sparse learning[J]. International Journal of Computer Vision, 2013, 101(2): 367-383.

[61] 黄丹丹，孙怡．基于判别性局部联合稀疏模型的多任务跟踪[J]．自动化学报，2016，03：402-415.

[62] Zhang T, Ghanem B, Liu S, et al. Low-rank sparse learning for robust visual tracking[C].European Conference on Computer Vision, 2012, 470-484.

[63] Chen C, Li S, Qin H, et al. Real-time and robust object tracking in video via low-rank coherency analysis in feature space[J]. Pattern Recognition, 2015, 48(9): 2885-2905.

[64] Larsson V, Olsson C. Convex low rank approximation[J]. International Journal of Computer Vision, 2016, 120(2): 194-214.

[65] Sui Y, Zhang L. Robust tracking via locally structured representation[J]. International Journal of Computer Vision, 2016, 119(2): 110-144.

[66] Sui Y, Tang Y, Zhang L. Discriminative low-rank tracking[C].IEEE International Conference on Computer Vision. 2015, 3002-3010.

[67] Liu X, Zhao G, Yao J, et al. Background subtraction based on low-rank and structured sparse decomposition[J]. IEEE Transactions on Image Processing, 2015, 24(8): 2502-2514.

[68] Zhang Y, Jiang Z, Davis L S. Learning structured low-rank representations for image classification[C]. IEEE Conference on Computer Vision and Pattern Recognition, 2013, 676-683.

[69] Zhang T, Liu S, Ahuja N, et al. Robust visual tracking via consistent low-rank sparse learning[J]. International Journal of Computer Vision, 2015, 111(2): 171-190.

[70] He Y, Li M, Zhang J, et al. Infrared target tracking based on robust low-rank sparse learning[J]. IEEE Geoscience and Remote Sensing Letters, 2016, 13(2): 232-236.

[71] Zhang T, Jia K, Xu C, et al. Partial occlusion handling for visual tracking via robust part matching[C].IEEE Conference on Computer Vision and Pattern Recognition, 2014, 1258-1265.

[72] Zhang T, Liu S, Xu C, et al. Structural sparse tracking[C]. IEEE Conference on Computer Vision and Pattern Recognition, 2015, 150-158.

[73] Yang Y, Hu W, Xie Y, et al. Temporal restricted visual tracking via reverse-low-rank sparse learning[J]. IEEE Transactionson Cybernetics, 2016, 1-14.

[74] 汪济洲，鲁昌华，蒋薇薇．一种基于嵌入空间的防遮挡的多目标跟踪算法[J]．电子测量与仪器学报，2016，02：318-322.

[75] 张彦超，许宏丽．遮挡目标的分片跟踪处理[J]．中国图象图形学报，2014，01：92-100.

[76] Zhang C, Liu R, Qiu T, et al. Robust visual tracking via incremental low-rank features learning[J].Neurocomputing, 2014, 131: 237-247.

[77] Cong Y, Fan B, Liu J, et al. Speeded up low-rank online metric learning for object tracking[J]. IEEE Transactions on Circuits and Systems for Video Technology, 2015, 25(6): 922-934.

[78] Wang D, Liu R, Su Z. Robust visual tracking via guided low-rank subspace learning[C].IEEE International Conference onImage Processing, 2015, 1-5.

[79] Zhou X, Yang C, Zhao H, et al. Low-rank modeling and its applications in image analysis[J]. ACM Computing Surveys , 2015, 47(2): 36.

[80] Lu C, Lin Z, Yan S. Smoothed low rank and sparse matrix recovery by iteratively reweighted least squares minimization[J]. IEEE Transactions on Image Processing, 2015, 24(2): 646-654.

[81] Wang N Y, Wang J D, Yeung D. Online robust non-negative dictionary learning for visual tracking[C]. IEEE International Conference on Computer Vision, 2013, 657-664.

[82] Wang D, Lu H C, Yang M H. Online object tracking with sparse prototypes[J]. IEEE Transactions on Image Processing, 2013, 22(1): 314-325.

[83] 李康，何发智，陈晓，等．基于簇相似度的实时多尺度目标跟踪算法[J]．模式识别与人工智能，2016，03：229-239.

[84] 薛模根，朱虹，袁广林．在线鲁棒判别式字典学习视觉跟踪[J]．电子学报，2016，04：838-845.

[85] VogelC R. Computational methods for inverse problems[M]. SIAM:Society for Industrial and Applied Mathematics, 2002, 103-121.

[86] Oraintara S, Karl WC, Castanon DA. A method for choosing the regularization parameter in generalized Tikhonov regularized linear inverse problems[J]. Image Processing, 2000, 993-996.

[87] Chan T F, Osher S, Jiang S. The digital TV filter and nonlinear denoising[J]. IEEE Transactions on Image Processing, 2001, 10(2): 231-241.

[88] Dong Y, Hintermüller M, Rincon-Camacho MM. Automated regularization parameter selection in multi-scale total variation models for image restoration[J].

Journal of Mathematical Imaging and Vision, 2011, 40(1): 82-104.

[89] Chambolle A. An algorithm for total variation minimization and applications[J]. Journal of Mathematical Imaging and Vision, 2004, 20(1-2): 89-97.

[90] Beck A, Teboulle M. A fast iterative shrinkage thresholding algorithm for linear inverse problems[J]. SIAM Journal on Imaging Sciences, 2009, 2(1): 183-202.

[91] Rodríguez P, Wohlberg B. Efficient minimization method for a generalized total variation functional[J]. IEEE Transactions on Image Processing, 2009, 18(2): 322-332.

[92] Wen Y W, Chan R H. Parameter selection for total-variation-based image restoration using discrepancy principle[J]. IEEE Transactions on Image Processing, 2012, 21(4): 1770-1781.

[93] Chambolle A, Pock T. A first-order primal-dual algorithm for convex problems with applications to imaging[J]. Journal of Mathematical Imaging and Vision, 2011, 40(1): 120-145.

[94] Korpelevic GM. An extragradient method for finding saddle points and for other problem[J]. ÈkonomikaiMatematicheskieMetody, 1976, 12(4): 747-756.

[95] Lions P L, Mercier B. Splitting algorithms for the sum of two nonlinear operators[J]. SIAM Journal on Numerical Analysis, 1979, 16(6): 964-979.

[96] Rosenkranz T, Puder H. Integrating recursive minimum tracking and codebook-based noise estimation for improved reduction of non-stationary noise[J]. Signal Processing, 2012, 92(3): 767-779.

[97] Clason C, Jin B, Kunisch K.A duality-based splitting method for L1-TV image restoration with automatic regularization parameter choice[J]. SIAM Journal on Scientific Computing, 2010, 32(3): 1484-1505.

[98] Remenyi N, Nicolis O, Nason G, et al. Image denoising with 2D scale-mixing complex wavelet transforms[J]. IEEE Transactions on Image Processing, 2014, 23(12): 5165-5174.

[99] Niang O, Thioune A, El Gueirea M C, et al. Partial differential equation-based

approach for empirical mode decomposition: application on image analysis[J]. IEEE Transactions on Image Processing, 2012, 21(9): 3991-4001.

[100] Mustafi A, GhoraibS K. A novel blind source separation technique using fractional Fourier transform for denoising medical images[J]. International Journal for Light and Electron Optics, 2013, 124(3): 265-271.

[101] Sutour C, Deledalle C A, Aujol J F. Adaptive regularization of the NL-means: application to image and video denoising[J]. IEEE Transactions on Image Processing, 2014, 23(8): 3506-3521.

[102] Odlubny I. Fractional differential equations[M]. New York: Academic Press, 1999.

[103] 张军．基于分数阶变分 PDE 的图像建模与去噪算法研究[D]．南京理工大学：2009.

[104] Dong Y, Zeng T. A convex variational model for restoring blurred images with multiplicative noise[J]. SIAM Journal on Imaging Sciences, 2013, 6(3): 1598-1625.

[105] Yun S, Woo H. A new multiplicative denoisingvariational model based on mth root transformation[J]. IEEE Transactions on Image Processing, 2012, 21(5): 2523-2533.

[106] Bioucas-Dias J M, Figueiredo M A T. Multiplicative noise removal using variable splitting and constrained optimization[J]. IEEE Transactions on Image Processing, 2010, 19(7): 1720-1730.

[107] Goldstein T, Osher S. The split Bregman method for L1-regularized problems[J]. SIAM Journal on Imaging Sciences, 2009, 2(2): 323-343.

[108] GongM, LiangY, ShiJ, et al. Fuzzy C-means clustering with local information and kernel metric for image segmentation[J]. IEEE Transactions on Image Processing, 2013, 22(2): 573-584.

[109] Zarpalas D, Gkontra P, Daras P, et al. Gradient-based reliability maps for ACM-based segmentation of hippocampus[J]. IEEE Transactions on Bio-Medical

Engineering, 2014, 61(4): 1015-1026.

[110] Ribeiro A, Ranz J, Burgos-Artizzu X P, et al. An image segmentation based on a genetic algorithm for determining soil coverage by crop residues[J]. Sensors, 2011, 11(6): 6480-6492.

[111] Kechichian R, Valette S, Desvignes M, et al. Shortest-path constraints for 3D multiobject semiautomatic segmentation via clustering and Graph Cut[J]. IEEE Transactions on Image Processing, 2013, 22(11): 4224-4236.

[112] Punga M V, Gaurav R, Moraru L. Level set method coupled with energy image features for brain MR image segmentation[J]. Biomedical Engineering / BiomedizinischeTechnik, 2014, 59(3): 219-229.

[113] Torbati N, Ayatollahi A, Kermani A. An efficient neural network based method for medical image segmentation[J]. Computers in Biology and Medicine, 2014, 44: 76-87.

[114] Li L, Zeng L, Qiu C, Liu L. Segmentation of computer tomography image using local robust statistics and region-scalable fitting[J]. Journal of X-ray Science and Technology, 2012, 20(3): 255-67.

[115] LiC, XuC, GuiC, et al. Distance regularized level set evolution and its application to image segmentation[J]. IEEE Transactions on Image Processing, 2010, 19(12): 3243-3254.

[116] SunK, ChenZ, JiangS. Local morphology fitting active contour for automatic vascular segmentation[J]. IEEE Transactions on Biomedical Engineering, 2012, 59(2): 464-473.

[117] Chan T, Vese L. Active contours without edges[J]. IEEE Transactions on Image Processing, 2001, 10(2): 266-277.

[118] OldhamK B, SpanieJ. The fractional calculus[M]. New York: Academic Press, 1974.

[119] Hu W, Li W, Zhang X, et al. Single and multiple object tracking using a multi-feature joint sparse representation[J]. IEEE Transactions on Pattern

Analysis and Machine Intelligence, 2015, 37(4): 816-833.

[120] He Z, Yi S, Cheung Y M, et al. Robust object tracking via key patch sparse representation[J]. IEEE Transactions on Cybernetics, 2017, 47(2): 354-364.

[121] Zhao Z, Feng P, Wang T, et al. Dual-scale structural local sparse appearance model for robust object tracking[J]. Neurocomputing, 2017, 237: 101-113.

[122] 胡秀华，郭雷，李晖晖，等.一种结合空间信息和稀疏字典优化的目标跟踪算法[J]. 控制与决策，2016，31(12): 2170-2176.

[123] Hochbaum D S, Lu C. A faster algorithm solving a generalization of isotonic median regression and a class of fused Lasso problems[J]. SIAM Journal on Optimization, 2017, 27(4): 2563-2596.

[124] Wang D, Lu H, Xiao Z, et al. Inverse sparse tracker with a locally weighted distance metric[J]. IEEE Transactions on Image Processing, 2015, 24(9): 2646-2657.

[125] Li X, Sun D, Toh K C. On efficiently solving the subproblems of a level-set method for fused lasso problems[J]. SIAM Journal on Optimization, 2018, 28(2): 1842-1866.

[126] Sui Y, Wang G, Zhang L, et al. Exploiting spatial-temporal locality of tracking via structured dictionary learning[J]. IEEE Transactions on Image Processing, 2018, 27(3): 1282-1296.

[127] Zhang K, LiuQ, Wu Y, et al.Robust Visual tracking via convolutional networks without training [J]. IEEE Transactions on Image Processing, 2016, 25(4): 1779-1792.

[128] Zhang T, XuC, YangM H. Multi-task correlation particle filter for robust object tracking[C]. IEEE Conference on Computer Vision and Pattern Recognition, 2017, 4335-4343.

[129] Song Y, Ma C, Wu X, et al. Vital: Visual tracking via adversarial learning[C]. IEEE Conference on Computer Vision and Pattern Recognition. 2018: 8990-8999.